消失的大陆

——如何守护我们依存的家园

武庆新◎编著

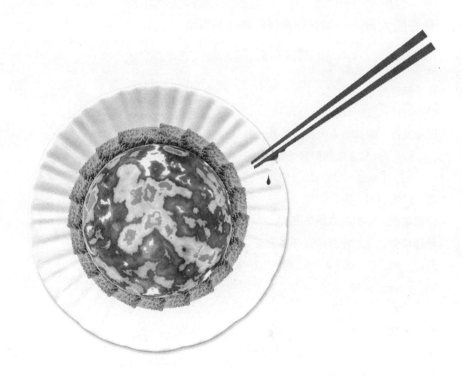

北京工业大学出版社

图书在版编目（ＣＩＰ）数据

消失的大陆：如何守护我们依存的家园 / 武庆新编
著. —北京：北京工业大学出版社，2014.11
ISBN 978-7-5639-4052-3

Ⅰ. ①消… Ⅱ. ①武… Ⅲ. ①环境保护—普及读物
Ⅳ.①X-49

中国版本图书馆 CIP 数据核字（2014）第 215141 号

消失的大陆——如何守护我们依存的家园

编　　著：武庆新

责任编辑：王　喆

封面设计：元明设计

出版发行：北京工业大学出版社

　　　　　（北京市朝阳区平乐园 100 号　邮编：100124）

　　　　　010-67391722（传真）　　bgdcbs@sina.com

出 版 人：郝　勇

经销单位：全国各地新华书店

承印单位：北京建泰印刷有限公司

开　　本：787 毫米×1092 毫米　1/16

印　　张：14.25

字　　数：270 千字

版　　次：2014 年 11 月第 1 版

印　　次：2014 年 11 月第 1 次印刷

标准书号：ISBN 978-7-5639-4052-3

定　　价：25.00 元

前　言

　　陆地是人们赖以生存的家园，海洋是人们生命起源的地方。人们的生活起居大都是依据于陆地的。缺乏陆地的支撑，人类活动将会受到极大的制约和限制。因此可以说，陆地是生命的温床，是人类成长的天然乐园。

　　然而，你知道吗，人们自以为很熟悉陆地，可实际上我们对陆地的了解和认识还远远不够。

　　众所周知，地球有六块大陆，它们分别为：亚欧大陆、非洲大陆、北美洲大陆、南美洲大陆、南极洲大陆、澳大利亚大陆。一般来说，这六块大陆又合称为"六大陆"，人们就是在这六块大陆上进行着大多数的活动，成就了大多数的精彩生活的。但是，你有没有想过，这六块大陆是怎么形成的呢？地球上是不是一直以来都只有这六块大陆呢？如果不是的话，亿万年前的地球上的大陆又是什么样子的呢？

　　很小的时候，我们或许会在书中看到这样一个词，那就是"沧海桑田"。也就是说，海洋和大陆并不是固定不变的，在一定的条件下，海洋可以变为陆地，陆地也可以变成海洋。这就是造物主最令人钦佩和敬畏的地方。它总能够让一切看似不可能的事情成为现实，让久远的历史通过推测和想象得以完整。

当然，在我们的认知和记忆中，海洋与陆地的这些变化常常只是存在于儿时的传说和怪谈之中，然而这一切也并不全是无中生有、空穴来风。

人们常说："无风不起浪。"时而沉静时而汹涌的大海总是具有一定的欺骗性。我们永远不知道，大海下面蕴藏着怎样的秘密，不管是太平洋、大西洋还是印度洋。它们更多的时候，是一个谜，有太多关于海洋的东西是我们不知道的。毕竟，我们对海洋的认识和了解还处于初级阶段，尤其是对于海底世界的认知更是受到很大的局限和制约。因此，海洋与陆地的关系到底如何，海洋和陆地之间到底有着怎样的变化和"纠葛"，仍旧需要很多的时间和精力去考证。

随着大陆漂移说以及地质构造等各种相关理论和假说的出现，人们对于海洋的认识更是充满了疑问。尤其是对于消失在海底的大陆更是激起了人们无限的想象和猜测，继而促使人们作出一系列的研究和考证。那么，在这些海底深处，是否曾经存在着一些史前大陆和史前文明，它们又是如何沉入海底，消失在人们的视野之中的呢？

地球无时无刻不在发生着奇妙的变化。《消失的大陆——如何守护我们依存的家园》就是一本带你探索和追寻失落大陆的书。本书以消失不见的大陆为着眼点，讲述大陆的存在、发展和消亡，从而引导人们在与地球相处的过程中，爱护环境、珍惜和保护土地及土地资源，呵护我们赖以生存的大陆。

现在，就让我们翻开本书，一起踏上一条追溯历史、探寻秘密的旅途，回眸那些消失不见的陆地和文明吧！

目 录

第四章　千万别小看了海水入侵

第五章　令人不寒而栗的群岛危机

第六章 生态中国，从"脚下"起步

第一章
走进我们的栖息之所

地球是人们赖以生存的家园，陆地是人们得以存在和发展的依据。人们的饮食起居、各种活动大都是在陆地上进行的。所以，陆地与人们的关系是非常紧密的。那么，你了解脚下的这片陆地吗？对于这片陆地，你知道它有多少鲜为人知或是被人忽略的秘密呢？下面，我们就一起走进陆地，了解一下陆地的一些被人忽略或遗忘的秘密。

陆地的含义

陆地是人们最为熟悉也是接触最为频繁的地方，但要是说起陆地的含义，可能有不少的人会一时间无以应对。当然，并不是说很多人不知道，而是这样抽象且熟悉的概念，人们一时间不知从何说起。那么，现在就让我们一起看一下脚下的陆地，了解一下陆地的秘密。

其实，陆地是一个非常普遍的概念，是指地球表面的固体部分，也就是除去海洋，未被海洋淹没的部分。但是，陆地也不是一个简单的概念。如果单纯地把陆地等同于大陆或是我们脚下的地方那就大错特错了。和其他的社科概念相比，陆地具有多面性。从组成上来看，陆地是由大陆、岛屿、半岛和地峡几部分组成。它的平均海拔高度为 875 米。人们在陆地上繁衍生息，用智慧的双手创造人类文明，建设美好家园。

据统计，陆地总面积约为 1.489 亿平方千米，占地球表面积的 29.2%。面积广大的陆地称作大陆，全球有欧亚大陆、非洲大陆、北美洲大陆、南美洲大陆、澳大利亚大陆和南极洲大陆共六块大陆，总面积为 1.391 亿平方千米，约占陆地总面积的 93%；四周被海水包围的小块陆地称作岛屿，约占陆地总面积的 7%。陆地大部分分布于北半球，岛屿多分布于大陆的东岸。陆地表面起伏不平，有山脉、高原、平原、盆地等。这些构成了地表形态，也就是地形。

一般来说，陆地地形分为平原、高原、山地、丘陵和盆地五种基本类型。具体来说，陆地上海拔高度相对比较小的地区称为平原。平原是陆地上最平坦的地域，海拔一般在 200 米以下。平原地貌宽广平坦，起伏很小，它以较小的起伏区别于丘陵，以较小的高度区别于高原。

不同于平原，高原海拔高度一般在 1000 米以上，面积广大，地形开阔，周边以明显的陡坡为界，有比较完整的大面积隆起地区。高原与平原的主要区别是海拔较高，它以完整的大面积隆起区别于山地。

山地，属地质学范畴，地表形态按高程和起伏特征定义为海拔 500 米以上，相对高差 200 米以上。

丘陵一般海拔在 200 米以上，500 米以下，相对高度一般不超过 200 米，高低起伏，坡度较缓，由连绵不断的低矮山丘组成的地形。

盆地，是指四周高（山地或高原）、中部低（平原或丘陵）的盆状地形。

不仅如此，陆地的地表形态并不是固定不变的，而是会发生变化

的。比如，1975 年，我国科学考察队在当今世界最高峰珠穆朗玛峰的喜马拉雅山区发现了许多鱼、海螺、海藻等海洋生物的化石。而且，还发现喜马拉雅山现在还在不断地升高（上升的速度为

每年 18.5 毫米）。另外，据考证，现在台湾海峡的底部也保留着古河道的痕迹。从这两件实例中，我们不难发现，陆地的地表形态是在不断发生变化的。原本是高山的地方，之前并不一定就是高山；原本是海峡的地方，之前也并不一定是海峡。所以，陆地的地表形态是有变化的。那么，为什么会出现这样的状况呢？陆地的地表形态是什么力量造就的呢？

其实，陆地的地表形态是在地球内外力的联合作用下形成的。陆地内外力作用也就是地质作用，其中，内力作用主要包括地壳运动、岩浆活动、变质作用和地震。对地壳运动来说，它分为水平运动和垂直运动，地壳的水平运动造成断裂带和褶皱山脉，地壳的垂直运动造成地势起伏和海陆变迁，这两种运动是构造地貌地形的重要力量。同时，岩浆活动能够形成岩浆岩，变质作用能够形成变质岩。而岩浆岩、变质岩和沉积岩构成了地壳的物质循环。外力作用包括风化、侵蚀、搬运、堆积和固结成岩。风化作用会形成风化地貌，侵蚀作用会形成侵蚀地貌，搬运和堆积作用会形成堆积地貌，而固结成岩在流水、风力的侵蚀和沉积作用下则形成沉积岩。岩浆岩、沉积岩、变质岩这三大类岩石就构成了地壳，是构成地貌形成土壤的物质基础，也是地球上的生命赖以生存的必要条件和物质基础。

就这样，在内外力的联合作用下，陆地的地表形态呈现出各种各样的不同。而且，在不同的内外力作用下，会形成不同的陆地地貌。所以，陆地地貌也并不是永恒不变的，它会随着地壳内外力的作用而发生相应的变化。

同时，陆地还是一个巨大的宝库。在看似平平淡淡的陆地上，其实潜藏着许多宝贵的财富。陆地自然资源按自然属性分为矿产资源、土地资源、生物资源、水资源；按照自我再生性质可以分为可再生资源和不可再生资源。其中，矿产资源属于非再生资源，土地资源、生物资源和水资源属于可再生资源。

其中，陆地资源首先表现在土地资源上。土地资源是指已经被人类利用和在可预见的未来能够被利用的土地。而且，土地资源是在目前的社会经济技术条件下可以被人类利用的土地，是一个由地形、气候、土壤、植被、岩石和水文等因素组成的自然综合体，也是人类过去和现在生产劳动的产物。因此，土地资源既具有自然属性，也具有社会属性，是"财富之母"。除此之外，陆地的生物资源和水资源也是非常重要的方面，它为陆地的人类提供了充足的食物来源和物质基础。

同时，矿产资源也是不容忽视的，它是人们生产生活的能量保障。尽管目前人们已经探明海洋的矿产资源是非常丰富的，很多的矿产资源总量已经超过了陆地上的。但是，凭借目前掌握的科学技术，人们从海洋中获取各种矿产资源还有相当大的难度，因此陆地仍然是人们获取矿产资源的主要来源。

另外，陆地环境也是十分重要的。所谓陆地环境，是指由地球表面的岩石、地貌、水、生物和土壤等地理要素相互联系、相互作用共同组成的一个有机整体。

总之，陆地是一个巨大的"储藏室"和"收容所"，里面潜藏着许多宝贵的财富和人类赖以生存和发展的东西。在人类成长发展的过程中，陆地不仅为人们提供了承载的介质，而且为人类提供了很多有用、有益的东西，使得人类的成长和发展充满生机和活力。

进入大陆的世界

大陆是人们栖息和生活的载体。在大陆上，人们进行着各种各样的活动，演绎着各种不同的精彩。但是，你对脚下的大陆了解多少呢？这块再熟悉不过的大陆是否被你忽略了呢？下面，我们就一起走进人们赖以生存的大陆，了解大陆的各种属性，认识大陆的不同侧面。

地球表面除去海洋的部分就是陆地，而陆地中面积较大的就称之为大陆。从地理意义上说，大陆是指面积大于格陵兰岛的陆地，且有别于"洲"，地球上最大的大陆是欧亚大陆，最小的大陆是澳大利亚大陆。地球上共有六块大陆，它们分别是欧亚大陆、非洲大陆、南美洲大陆、北美洲大陆、南极洲大陆和澳大利亚大陆。其中，欧亚大陆和非洲大陆也常合称为欧亚非大陆，北美洲大陆和南美洲大陆也常被合称为美洲大陆。

从生命意义上来说，大陆是指凸出海洋的群岛和陆地，是包括植物、动物及人类等生命系统可持续生存与繁衍的陆地空间。相对而言，这是比较抽象的大陆概念。

然而，人们对大陆的认识和感知大都是从地理意义上来考虑的。地球上的六块大陆是众所周知的，在这些大陆上，人口最为集中，它与人们的关系也最为密切。其中，最大的大陆是欧亚大陆，欧亚大陆是欧洲大陆和亚洲大陆的合称。因为，欧洲大陆和亚洲大陆是连在一起的。从板块构造学说来看，欧亚大陆是由欧亚板块、印度洋板块和东西伯利亚所在的美洲板块所组成。

从位置上来看，欧亚大陆北濒北冰洋，西邻大西洋，南隔地中海与非洲相望，并以乌拉尔山脉、乌拉尔河、里海、高加索山脉、博斯普鲁斯海峡、马尔马拉海和达达尼尔海峡作为欧亚大陆的分界线。

同时，欧亚大陆欧洲部分处于中高纬度，最南点是伊比利亚半岛的马罗基角，最北点是挪威北部诺尔辰角，最西点为伊比利亚半岛的罗卡角，最东点在乌拉尔山北端。大陆东宽西窄，略呈三角形。欧亚大陆亚洲部分的东部，东、南、北三面分别濒临太平洋、印度洋和北冰洋，西南亚的西北部濒临地中海和黑海。大陆最北点在泰梅尔半岛的切柳斯金角，最南点为马来半岛的皮艾角；岛屿的最北点在北地群岛，最南点在努沙登加拉群岛的罗地岛。亚洲在各洲中所跨纬度最广，具有从赤道带到北极带几乎所有的气候带和自然带。大陆最东点为楚科奇半岛上的杰日尼奥夫角，最西点为小亚细亚半岛的巴巴角，所跨经度亦最广，东西时差 11 小时。

最小的大陆是澳大利亚大陆。澳大利亚大陆是位于南半球大洋洲的一个大陆。澳大利亚大陆面积为 769 万平方千米，在世界六块大陆中是面积最小的一个大陆。在政治上，澳大利亚大陆属于澳大利亚。从周围的环境来看，澳大利亚大陆与南极大陆相似，四周被海包围，是世界上仅有的两块完全被海水所包围的大陆。

与其他大陆相比，澳大利亚大陆上的动植物具有明显的古老性和特有性。在这块大陆上，植物种类丰富，有 12000 多种，其中四分之三为特有种，桉树和金合欢是两个代表种类。澳大利亚的动物多珍禽异兽，多特有种，原始性明显，缺少在其他大陆占统治地位的有胎盘类哺乳动物，但有原始的单孔目和有袋目哺乳动物、澳大利亚肺鱼、爬行类中的鳞脚蜥，以及各种各样的特有鸟类等。而且，澳大利亚具有古老性和特有性的动植物，是同澳大利亚大陆形成演变历史和现代自然地理环境密切关联的。在距今约 2.2 亿年以前的三叠纪时期，澳大利亚尚属于冈瓦纳古陆的一部分，当时气候温暖，各地差异也不明显，形成比较相似的植物群，同时开始出现原始的哺乳动物。中生代末期古陆开始分裂，澳大利亚大陆与其他大陆逐渐分离和漂移开来，孤立于大洋之上，动植物缓慢地独立地向前发展，加之发育了森林、草原和荒漠，为各类动物提供了较为多样的生存环境，所以形成了许多特有的动植物种类。

最热的大陆是非洲大陆。非洲大陆约 3000 万平方千米，约占世界陆地总面积的 20.2%，大陆海岸线全长 30500 千米，海岸比较平直，缺少海湾与半岛。非洲大陆北宽南窄，呈不等边三角形状。南北最长约 8000 千米，东西最宽约 7500 千米。非洲大陆地势比较平坦，但海拔较高，海拔 500~1000 米的高原占全洲面积 60% 以上，海拔 2000 米以上的山地和高原约占全洲面积 5%。其中，海拔 200 米以下的平原多分布在沿海地带。而埃塞俄比亚高原海拔在 2000 米以上，有"非洲屋脊"之称。

同时，非洲大陆东部的乞力马扎罗山海拔为 5895 米，为非洲最高峰。非洲东部的东非大裂谷是世界上最大的裂谷带，也是非洲陆地的最低点。不仅如此，非洲三分之一的面积为沙漠，是沙漠面积最大的一个大洲。非洲的撒哈拉沙漠也是世界上最大的沙漠，面积为 777 万平方千米。

最冷的大陆是南极洲大陆。南极洲大陆是指南极洲除周围岛屿之外的陆地，是世界上发现最晚的大陆，它孤独地位于地球的最南端。而且，南极大陆 95% 以上的面积为厚度惊人的冰雪所覆盖，素有"白色大陆"之称。从面积上来看，南极洲大陆仅仅比澳大利亚大陆大一些，在全球六块大陆中，排名第五。南极洲大陆四周有太平洋、大西洋和印度洋，从而形成了一个围绕地球的巨大水圈，呈完全封闭的状态，是一块远离其他大陆、与文明世界完全隔离的大陆，至今仍然没有常住居民，只有少量的科学家在为数不多的考察站里居住和进行一些科研工作。同时，南极洲大陆也是一块充满神秘气息的大陆，在南极洲大陆极厚的冰盖之下，科学家经过钻探研究发现了湖泊、细菌、生物等。

美洲大陆也是一块不能忽视的大陆。它分为北美洲和南美洲，位于太平洋东岸，大西洋西岸，并以巴拿马运河为界。从面积上看，美洲大陆达 4206.8 万平方千米，占地球地表面积的 8.3%、陆地面积的 28.4%。而且，美洲是唯一一个整体在西半球的大洲。另外，由于美洲发现的比较晚，因此又被称之为"新大陆"。

可见，地球上的六块大陆是各有特点、各有不同的，它们各自的不同给世界增添了无穷的色彩。

值得一提的是，在大陆的概念之下，还有一个次大陆的概念。所谓次大陆是指一块大陆中相对独立的较小组成部分。从地理意义上来看，次大陆一般由山脉、沙漠、高原以及海洋等难以通过的交通障碍同大陆的主体部分相隔离。在英语中，"the Subcontinent"作为专有名词时可以用来特指印度次大陆。从文化意义上来说，次大陆可以指任何与大陆主体部分相比，具有独特的文化特色的部分，例如欧洲、中美洲或者中东地区。

在次大陆中，印度次大陆（又称作"南亚""南亚次大陆""印巴次大陆"），可以看作是欧亚大陆或亚洲的次大陆；欧洲，可以看作是欧亚大陆的次大陆；西亚，可以看作是欧亚大陆或亚洲的次大陆。

可见，在人们赖以生存和发展的大陆中，有着精彩纷呈的内容，而生活在其上的人们久而久之常常会忽视甚至是淡漠它们。这个时候，就需要我们静下心来，俯视和远望一下脚下的大陆，了解和认知大陆蕴藏的魅力和神秘。

什么是大陆架

一般来说，大陆是较大面积的陆地。然而，在大陆和海洋的交界处，还存在着一种特殊的大陆结构，它常常被忽视，可却是大陆不可分割的一部分。这个特殊的构成部分就是大陆架。下面，就让我们一起走进大陆架，认识和了解一下大陆架的奥秘。

所谓大陆架，是指大陆向海洋的自然延伸，通常被认为是陆地的一部分，又叫"陆棚"或"大陆浅滩"。也就是指大陆边缘被海水淹没的部分，这部分呈现出自陆地向大海延伸和缓倾的一段浅水平台。同时，大陆架的地势多平坦，其海床被沉积层所覆盖，它的边缘向深海倾斜，称为大陆坡，而斜度介于大陆架与大陆坡之间的部分称为陆基，最后，陆基伸入深海平原。大陆架与大陆坡都属于大陆边缘的一部分。

从整体上来看，全世界大陆架的平均向海坡度为 0.012 度，内陆架略陡于外陆架。大陆架表面向洋底方向微倾的坡度不超过 1~2 度，其外缘水深为 21~621 米，全世界平均为 133 米。一般来说，大陆架深度不会超过 200 米，但宽度大小不一。大陆架的宽度为 0（巴拿马西海岸）至 1206 千米（巴伦茨海陆架），全世界平均为 78 千米。其中，与陆地平原相连的大陆架比较宽，可达数百千米至上千千米，而与陆地山脉紧邻的大陆架则比较窄，可能只有数十千米，甚至缺失。

依据地形学与海洋生物学的意义，大陆架可再细分为内陆架、中陆架与外陆架。

在大陆架外缘，其地形结构急剧改变，这也就是大陆坡的开始。除了少数情况外，大陆架外缘几乎都坐落于海下 140 米处，这似乎也是冰川期的海岸线标记，说明当时的海平面比现在要低得多。

大陆坡比大陆架陡峭，其平均坡度为 3 度，介于 1 度到 10 度之间。大陆坡通常也常是水下河谷的终结处。

陆基在大陆坡之下、深海平原之上，它的斜度介于陆架与陆坡之间，即 0.5 度到 1 度之间，通常从大陆坡开始向下处延伸 500 千米，由浊流从大陆架与大陆坡夹带的厚厚沉积物所组成。沉积物从大陆坡泄下，并在大陆坡底下堆积，形成陆基。

从面积上看，大陆架面积仅占世界大洋面积的 7.5%，世界陆地面积的 18%。

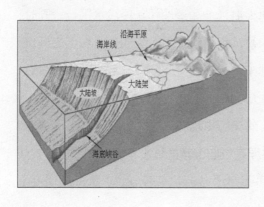

从组成成分上看，大陆架组成物质有两种类型，一种由岩浆岩组成；另一种由砾、砂、粉砂、黏土等沉积物组成。在大陆架的外缘处，常有一些隆起，即堤坝，来自陆地的大量物质通

常会堆积在近岸到大陆架外缘堤坝为止的范围内。堤坝有的由岩浆岩作用形成，也有的由海藻形成的礁石构成。堤坝处沉积厚度通常达 2 千米左右。中国渤海大陆架平均水深仅 18 米，最大水深 85 米以上，黄海大陆架平均水深 44 米，最大水深 144 米以上。分布在岛屿四周的大陆架称为岛架，宽度狭窄，仅十余千米至数十千米，坡度较大，岛架外缘水深 110~200 米，一般岛架上冲刷作用十分强烈。

而且，大陆架上还常常会有一些丘陵、盆地，还有明显的水下河谷，这些河谷地形看起来就像是陆地河流的地形，有蜿蜒的河道，有冲积平原、三角洲等，许多水下河谷还与陆地上的河流相对应，可看作是陆上河流的延续。这是因为这些水下河谷都是在远古大陆架露出海面时，由河流所冲刷而成，只是后来没入海中。

比如，北美的哈德逊水下河谷就十分具有代表性，它沿东南方向伸到大西洋底，顶端是浅平的半圆形，向"下游"逐渐变深，最深处在海面以下 100 米，而谷地两旁的海底深度只有 40 米。哈德逊水下河谷的下游出口处呈三角形散开，就好像河流入海的宽大河口一样。在东南亚，苏门答腊与加里曼丹之间的巽他大陆架上，有着树枝状的水下河谷系统，一条向北流，一条向南流，两条水下河谷的海底分水岭，就是两片微微上凸的海底高地。这两条水下河谷底部都是慢慢地向下游倾斜的，它们的横剖面与平面外形同陆地上的河谷简直一模一样。另外，在欧洲西北部围绕着英伦三岛的一片广阔的大陆架浅海底，也有几条极为明显的水下河谷。在陆地上，易北河、莱茵河、威悉河都是分开单独入海的，如果把它们各自的水下河谷连接起来，那么可以看到，它们入海后通过各自海底的河谷向北延伸，最后三条河谷汇合一起注入北海。而且，从法国、英国注入大西洋的河流，不少是同海底水下河谷相连接的。甚至英吉利海峡的本身，就是一条通向大西洋的海底谷地。

那么，我们不免发出疑问，为什么这些水下河谷如此酷似陆地上的河谷？这同大陆架的形成有密切的关系。

原来，大陆架曾经是陆地的一部分，是环绕大陆的地带，只是由于海平面的升降变化，使得陆地边缘的这一部分在一个时期里沉入海面以下，成为浅海的环境。也就是说，在过去的冰川期，由于海平面下降，大陆架常常露出海面成为陆地的一部分；在间冰期（冰川消退的时期），则被上升的海水淹没，成为浅海。因此，大陆架原本就是陆地的一部分，那么大陆架的河谷形态就必然会与大陆上的河谷形态十分相似。比如，我国东部海底的大陆架，在地质时期曾经为陆地，正是由于海平面的上升才被淹没在海底之中。

具体来说，大陆架的形成是地壳运动或海浪冲刷的结果。地壳的升降运动使陆地上升或下沉，而下沉的陆地淹没在水下，形成大陆架；海水冲击海岸，产生海蚀平台，淹没在水下，也能形成大陆架。大陆架大多分布在太平洋西岸、大西洋北部两岸、北冰洋边缘等。如果把大陆架海域的水全部抽光，使大陆架完全成为陆地，那么大陆架的面貌与大陆基本上是一样的。

同时，从大陆架的成分分析来看，黑色或灰黑色泥炭可以作为燃料，因为，大陆架上的沉积物几乎都是由陆地上的江河带来的泥沙，而海洋的成分很少。

不仅如此，除了泥沙外，永不停息的江河就像传送带，把陆地上的有机物质源源不断地带到大陆架上。大陆架由于得到陆地上丰富的营养物质的供应，已经成为最富饶的海域，这里盛产鱼虾，还有丰富的石油天然气储备。

　　而且，大陆架海区水产资源丰富，海底多蕴藏石油、天然气以及其他矿产资源。世界上石油产量有 20% 来自大陆架。大陆架上的水域也是海洋生物资源最丰富的地方，世界上的捕鱼量 90% 来自大陆架上面的水域。可见，大陆架蕴含着宝贵的资源，是十分有利用价值的。

大陆的认知与发现

　　任何事物都不是从来就有的，对任何一个事物的认识和了解也往往是一步步地加深的。人们对脚下的大陆的认识也是如此。

　　具体来说，随着航海技术的不断发展，人们远渡重洋，世界上的六块大陆逐渐地被人们发现了。具体来说，这六块大陆的发现历程大致是这样的。

　　起初，人口居住最多的是欧亚大陆，对于远方遥远的世界，人们最先发现的是非洲大陆。2002 年，一幅距今已有 600 年历史的中国明代古地图复印件在南非首都开普敦引起轰动。因为，该图上绘制的非洲地域图要比欧洲人当年绘制的非洲地图早 100 多年，这就意味着中国人比欧洲人更早发现非洲。这究竟是一幅什么样的古地图呢？

　　《大明混一图》绘于明洪武二十二年（公元 1389 年），长 3.86 米，宽 4.75 米，彩绘绢本，以大明王朝版图为中心，东起日本，西达欧洲，南括爪哇，北至蒙古。全图没有明显的疆域界限，仅以地名条块的不同颜色来区别内外所属。图中着重描绘了明王朝各级治所、山脉、河流的相对位置，镇寨堡驿、渠塘堰井、湖泊泽池、边地岛屿以及古遗址、古河道等共计 1000 余处。同时，在《大明混一图》上，欧洲和非洲地区描绘得都很详细。非洲大陆位于这幅地图的左下方。非洲大陆的地形地貌、山川河湖、岛屿礁石详尽清晰，非洲南部的好望角，海陆线条精美，形制一目了然。可见，我国早在明朝时期就已经发现了非洲大陆。对此，南非专家指出，"这幅由中国人绘制的地图比西方探险家来到非洲早了 100 年，所谓欧洲人最早发现非洲的历史需要改写"。

人们发现了非洲大陆，其次就是美洲大陆了。提到美洲大陆，人们总忘不了第一个发现美洲的人——哥伦布。哥伦布是历史上著名的航海家，他一直幻想着有朝一日能够远游世界，去亲自游历那些诱人的东方乐土。当然，人们都是通过欧洲大陆来到东方，可是到了哥伦布时代，欧洲大陆受到土耳其人和阿拉伯人的控制，不易通过。于是，人们的目光自然而然地转向茫茫无际的蔚蓝色的大海。

于是，1492 年 8 月 3 日清晨，哥伦布带领 87 名水手，驾驶着 3 艘帆船，离开了西班牙的巴罗斯港，开始了人类历史上第一次横渡大西洋的壮举。后来，哥伦布踏上了他当时误认为是"印度群岛"和"日本"的美洲大陆，并在美洲游历了一番。让他失望的是，这里并不像马可·波罗描述的那样富饶。1493 年 3 月 15 日，哥伦布把 39 个愿意留在新大陆的人留在那里。把 10 名俘虏来的印第安人押上船，返回了西班牙巴罗斯港。

但是英国历史学家、前海军官员加文·孟西斯认为中国明代的郑和是第一个发现美洲大陆的人，他比哥伦布到达美洲的时间早 71 年。孟西斯是畅销书《1421：中国发现美洲的一年》的作者，他在书中称中国的郑和率 3 万人的船队在 15 世纪就来到了美洲大陆。1492 年，哥伦布就是利用郑和绘制的航海图到达的美洲。所以，郑和是登陆美洲的第一人的观点也受到很多人的支持。

接着，澳大利亚也被发现了。据有关史料记载，1606 年，西班牙航海家托勒斯的船只驶过位于澳大利亚和新几内亚岛（伊里安岛）之间的海峡；同年，荷兰人威廉姆·简士的"杜伊夫根号"船也涉足过澳大利亚，这是首次有记载的外来人在澳大利亚的登陆记录。1770 年，英国航海家库克船长发现澳大利亚东海岸，将其命名为"新南威尔士"，并宣布这片土地属于英国。

起初，英国人把澳大利亚作为一个流放囚犯的地方。1788 年 1 月 18 日，由菲利普船长率领的一支有 6 艘船的船队共 1530 人抵达澳大利亚的园林湾，当中有 736 名囚犯。八天后的 1788 年 1 月 26 日，他们正式在澳大利亚杰克逊港建立起第一个英国殖民区，之后，这个地方人口不断增长，从而成为澳大利亚现在的第一大城市悉尼，这个名字是为了纪念当时的英国内政大臣悉尼。现在，每年的 1 月 26 日是澳大利亚的国庆日。

最后发现的一块大陆是南极大陆。新航道开辟的地理大发现给欧洲人带来了巨大财富，与此同时，他们还希望"未知的南方大陆"也将是富庶的，这就引发了历时二百多年的南极地区远航活动。

1768 年 8 月，英国航海家詹姆斯·库克运送一批天文学家到南太平洋的塔希提

世界地图洲际分布图

岛观测天文现象，更为重要的是，他们还执行着搜索神秘的"南方大陆"的任务，但到澳大利亚、新西兰便返回了。1772年7月，他们再次远行，历时3年之久，行程近10万千米，绕南极洲一周。1773年1月，他们首次进入南极圈内，成为人类历史上首次进入南极圈的航行。但是因浮冰阻隔，库克一行未到南极洲，只是发现了一系列的岛屿。他宣称，即使地球最南端有一块大陆，也是寒冷的不毛之地，没有任何经济价值。之后的半个世纪人们丧失了对南极的兴趣。

1820年1月，英国人勃兰斯菲尔德和海豹猎人威廉·史密斯穿过现在的勃兰斯菲尔德海峡，到达帕墨尔群岛（美国人的说法）或三一岛（英国人的说法）附近，他们站在船头望去，遥远的地方有个影影绰绰的大陆轮廓，这就是南极半岛。这是人类看到南极大陆的最早记载之一。1820年11月美国人帕墨尔乘船追寻海豹，大致在奥尔良海峡东南发现一批多山的岛屿。1821年，俄国海军军官别林斯高晋和拉扎列夫来到南极洲海面，发现了南极大陆的海岸，次年又发现了彼得一世岛、亚历山大一世岛。但这些都没有超过库克南航的纬度，因而没有引起重视，对南方大陆的寻找再次冷落下来。

过了20年后，为探索地磁理论，自然科学家掀起了新的南极远航活动，仅1840年就有三次重要远航。美国探险家威尔克斯率四艘军舰组成的探险队，到达了原以为南磁极所在的区域附近，其中一军舰连船带人俱毁。几个星期后，探险队来到一个海湾，威尔克斯将其命名为皮纳尔湾，同时他还看到了非常长的海岸线，并沿岸线航行了2500千米。所以威尔克斯才称得上是第一个真正发现南极大陆的人。

之后，随着科学技术的发展，飞机、大型船舶、大型履带动力车运用于南极考察活动，考察人员工作生活的条件也大大改善，一个新的时期开始了。现已有不少国家在南极建立了常年科学考察站，每年参加南极越冬的科技人员有好几百人。

随着世界六块大陆的相继发现，欧亚大陆、非洲大陆、美洲大陆、南极洲大陆、澳大利亚大陆，被紧密地联系在一起，使得世界成为一个整体。

大陆是怎么产生的

大陆是人们赖以生存和栖息的家园，在大陆上人们从事着各种各样的活动，以各种各样的形式改造自然、爱护自然，使得大陆上的事物成为一道诱人的风景。但是，对于大陆我们却知之甚少，甚至大陆是怎么产生的，都是摆在人们面前的一个比较棘手的问题。

我们的地球表面最显著的差异，就是大陆和海洋。从两者的比例来看，大陆占地球表面积约29%，海洋则占71%左右。那么，地球上的大陆是从哪儿来的呢？

一般来说，地球大约在46亿年前形成。在地球的形成初期，各地的高度基本上差不多，没有明显的海陆之分。大约40亿年前，地球表面出现了由较坚固的岩石构成的地壳。在36亿年前，地球表面才被水层覆盖。而且，此时刚刚形成的地球逐渐冷却。因此，它只有一层薄薄的外壳，在壳层外面是一层覆盖全球的水层。也就是说，那时的地球有着一个遍布表面的原始海洋。

后来，随着时间的推移，地球不断地冷却，并且引起一定程度的收缩。收缩的结果，使地球表面产生了凹凸，就像干缩了的苹果，表面会出现凹凸不平的褶皱。收缩还会使本来并不坚固的硬壳发生破裂。于是，地球内部熔融的岩浆便沿着裂缝喷涌而出。天长日久，这些喷发出来的岩浆越堆越高，终于成为高出原始海洋的火山岛。根据目前已知的最古老岩石的分布，最初的陆岛大概分布在今天的澳大利亚大陆的西部、格陵兰岛西部和非洲大陆南部等地。陆岛出现后，在太阳的光、热以及地球本身的重力作用下，陆岛上的岩石被风化、侵蚀。那些被风化、侵蚀下来的碎屑物质，被搬运到陆岛的四周沉积下来，形成早期的沉积层。

再后来，随着地壳的演变，沧海变为桑田。这些早期的沉积层也被抬升出海面，使陆岛面积不断得到扩大。其中一些相邻不远的陆岛，由于不断扩大，最终拼接成一块较大的陆地。

当然，陆地的形成并不都是朝着由小而大的方向发展的。有些较大的陆地，有时会因地球的演变而碎裂成若干小块。有些甚至因受到巨大陨石的猛烈撞击，转化成为一个深陷的凹坑，重新被海水淹没。

特别是随着"板块运动"学说的创立，很多学者不约而同地把陆地的变化完全归结于"大陆漂移""板块碰撞"的结果，认为陆地之间会因漂移、碰撞而连接成为一体，比如印度次大陆就是通过这样的作用和亚洲大陆拼接在一起的。欧亚大陆的形成也大致如此。有研究认为，欧亚大陆是经历漫长的结合、分离过程，最终连接在一起而形成的。相反，有的大陆也会因破裂、漂移而演变成今天这个样子，如非洲大陆与美洲大陆。特别是美洲大陆，分为了南美大陆和北美大陆。

除了大陆漂移、碰撞之外，地球的造山运动也是一种不容忽视的力量。地质学家李四光根据地质力学理论认为：地球的造山运动的主要动力是地壳的水平挤压，一般有两种挤压力，一种是由于地球自转速度的变化而造成的东西走向的水平挤压；另一种是由于不同纬度，地球自转的线速度不同所造成的地壳向赤道方向的挤压，这两种挤压加上地壳受力不均衡所造成的扭曲，就形成了各种走向的山脉。

李四光还认为，世界上许多绵亘的山脉，就是因为地壳的断裂，发生剧烈的褶皱、隆起而形成的。地壳运动造成了地面的凸凹不平以后，流水的活动能力显得越发强烈，对地面凸起的部分进行冲刷侵蚀，把冲刷下来的物质运到凹陷的地面填，加上风和冰川也同样帮助做这项工作，陆地逐渐地扩大。

那么，大陆到底是怎样形成的呢？李四光进一步指出，是地球上的造山运动造就了高出海平面的陆岛或是高山。陆岛和高山造得越多，陆地的面积也就越大。可问题是到底是什么原因导致的地球的造山运动，这才是大陆形成的根本原因所在。

面对这一问题，该理论没有给出十分有力的证据，可是人们还是找到了能够证实大陆形成的证据，而且十分确凿。比如，1973 年 7 月 14 日，大西洋中部亚速尔群岛附近的卡另林尤什火山喷发了。当时，从深邃的海洋底部涌出炽热的浪涛，使洋面沸腾了起来，人们在开始时还以为是一条大鲸鱼喷出的水柱。该火山

一直喷发了 13 个月，结果出现了一片几百平方千米的新大陆，同亚速尔群岛中的法雅尔岛连在一起。

又如，汤加群岛西南部的法而坦岛在过去的几个世纪中，几次海底火山喷发将其露出海面，之后由于海浪的磨蚀耗损，又沉入海面之下。由此几经沉浮，时隐时现。在它南面也有几个海底活火山，现在还没有露出海面。与汤加群岛紧挨着的卡奥岛和托福亚岛，则是两个露出海面的火山峰，它们没有被侵蚀破坏，保持着完美无缺的姿态。

再如，斐济群岛的陆地面积 18272 平方千米，由 320 多个岛屿组成，是太平洋中岛屿数目最多的国家之一。斐济群岛第二大岛努瓦岛，面积 535 平方千米。这里地形复杂，有高耸的台地、陡峻的山峰和峡谷，同时多瀑布和热矿泉，也说明了这里是火山喷发而形成的。

可见，海洋中的火山不断喷发后露出海平面就形成了岛屿，岛屿继续扩大就形成了陆地。如果是在浅海，一次火山喷发就可以形成一个新岛；但在深海，火山从深达四五千米的海底，就需要经过无数次的喷发和逐渐堆高，才能露出水面，最后成为高耸的火山岛。比如，夏威夷群岛就是由五个火山岛组成的，马里亚纳群岛北部的九个火山岛中的三个是活火山，峰顶上空经常烟雾弥漫，不断喷发，陆地还在继续扩展，而且类似这样的火山在海洋中还有很多。

除此之外，大陆的形成还有一个辅助原因，那就是物质的填埋。也就是说，陆地上的物质不断地被河流冲入海岸，会扩大陆地面积。同时，海水的退却也会加速大陆的形成。大面积的海水退却，使陆地浮出海面或是加大陆地的面积，这是由于地核偏移的结果造成的。但这样的变化需要漫长时间的过程，不是一朝一夕能够实现的，而且这一过程人类是感觉不到的。

所以，地球造山运动在大陆形成中发挥着十分重要的作用。而在造山运动中，能量物质的燃烧是地球补充内能的一种方式，是地球造山运动的动力支持。如果地球缺少了能量物质以及放射性物质的补充，地球就会缺少热能的供应，势必会慢慢地冷却，地球也许就会慢慢变小，最后失去地电场、地磁场和动力场等"凝聚力"，然后变得支离破碎，成为宇宙中一块块陨石，散落在太空中。

通过上述分析可以得出结论，在地球造山运动中，能量物质发挥着十分重要的作用，能量物质的多寡影响着地球的造山运动，同时也是地球内能的动力来源。

总之，大陆的形成是多种力量综合作用的结果，而且不同大陆的形成还有着不同的特点。因此，对于大陆的形成原因也不能一概而论。

海洋从哪里来

蔚蓝色的海洋总能引发人们的无限遐想，看着海天相连的景色，人们的心胸会开阔许多，心情也会变得愉悦起来。尤其是对孩子来说，海总是充满着神秘和传说，海总是有无数的珍奇和宝藏。那么，对于海洋，你了解多少呢？海洋是怎么形成的呢？下面，我们就一起走进海洋的世界，追寻海洋从无到有的脚步。

要了解海洋的形成，首先要追溯到地球的原始时期。正是原始地球的状态造成了原始海洋。一般来说，地球大约形成于 46 亿年前，由太阳星云和宇宙中的一些尘埃聚集而成。初形成时，地球的地壳很薄，内部温度又很高，因此火山爆发频繁，从火山喷出大量的水蒸气以及各种其他的气体构成地球的原始大气。而且，当时天空烈日似火，电击雷轰；地面熔岩滚滚，火山喷发，这些自然现象成了生命起源的"催生婆"。巨大的热能，促使原始地球各种物质激烈地运动和变化，孕育着生机。

其中，水是原始大气的主要成分，原始地球的地表温度高于水的沸点，所以当时的水都以水蒸气的形态存在于原始大气之中。后来，地表不断散热，灼热的表面逐渐冷却下来，原来从大地蒸腾到天空中去的水凝结成雨点，又降落到地面。不仅如此，这样的雨还下得很大，下得时间很长，大约持续了数亿年。就这样，这场旷日持久的降雨降落到地球表面低凹的地方，就形成了江河、湖泊和海洋。科学家称那时的海洋为原始海洋。原始海洋大约形成于四十多亿年前。

但是，原始海洋和现在的海洋有很大的不同。其中，原始海洋盐分较低，而有机物却异常丰富。当时由于大气中无游离氧，因而高空中也没有臭氧层阻挡，不能吸收太阳辐射的紫外线，所以紫外线能直射到地

球表面，成为合成有机物的能源。此外，天空放电、火山爆发所放出的能量，宇宙间的宇宙射线，以及陨星穿过大气层时所引起的冲击波等，也都有助于有机物的合成。但其中天空放电可能是

最重要的，因为这种运动所提供的能量较多，又在靠近海洋表面的地方释放，在那里它作用于大气，所合成的有机物很容易雨水冲淋到原始海洋之中，使原始海洋富含有机物。此外，在降雨过程中，氢、二氧化碳、氨和烷等，有一部分带入原始海洋；雨水冲刷大地时，又有许多矿物质和有机物陆续随水汇入海洋。广漠的原始海洋，诸物际会，气象万千，大量的有机物源源不断产生出来，海洋就成了"生命的摇篮"。

而且，原始的海洋，海水不是咸的而是酸性的，又是缺氧的。因为，原始的海水并非一开始就充满了盐分，最初它和江河水一样也是淡水。但是地球上的水在不停地循环运动，每年海洋表面有大量水分蒸发，其中部分水分通过大气运动输送到陆地上空，然后形成降水再落到地面上，冲刷土壤，破坏岩石，把陆上的可溶性物质（大部分是各种盐类）带到江河之中，而江河百川最终都要回归大海。这样，每年大约有30亿吨的盐分被带进海洋，海洋便成了一切溶解盐类的收容所。而在海水的蒸发中，盐类又不能随水蒸气升空，只能滞留在海洋之内。如此周而复始，海洋中的盐类物质越积越多，海水也就变得越来越咸。

但是，海水所含的盐分各处不同，平均约为3.5%。这些溶解在海水中的无机盐，最常见的是氯化钠，即日用食盐的主要成分。有些盐来自海底的火山，但大部分来自地壳的岩石。岩石受风化而崩解，释出盐类，再由河水带到海里去。在海水汽化后再凝结成水的循环过程中，海水蒸发后，盐留下来，逐渐积聚到现有的浓度。海洋所含的盐极多，可以在全球陆地上铺成约厚1500米的盐层。

同时，原始海洋也并非人们现在看到的是几个不同的大洋。原始海洋是一个"泛大洋"，泛大洋又称之为盘古大洋，在希腊文中意为"所有的海洋"，是个史前巨型海洋，存在于古生代到中生代早期，环绕着盘古大陆。也就是说，原始海洋是一个整体，它围绕在陆地的周围。可是，现在的海洋被陆地分割成几块，那么它们是如何形成的呢？现在我们就具体来看一下。

1. 太平洋的形成

最初，地球上只有一个大洋，可称为泛大洋，它的面积是现在太平洋的两倍。当时陆地都连在一起，地球上只有一块大陆，可叫它为泛大陆。这块泛大陆从北极延伸至南极，是南北向分布的。

大约在 2 亿年前，地质学上叫作侏罗纪的时代，也就是陆地上恐龙这类身躯庞大的爬行动物盛行的时代。泛大陆分裂开来，北半球的那一块陆地叫北方古陆（也叫劳亚古陆），南半球的叫南方古陆（也叫冈瓦纳古陆）。南北两块大陆分裂开来，中间出现一个古地中海，名叫特提斯海。它的位置就是现在的地中海和欧洲南部的山系、中东的山地，以及黑海、里海、高加索山脉，一直到中国的喜马拉雅山系等，是一片东西向的海洋，与泛大洋相通。当时还没有大西洋、印度洋，北美洲与欧洲之间（现在北大西洋的位置）是一条很窄的封闭的内海，当时气候炎热，海水很浅，沉淀了一些盐类、石膏等成分的岩石。而这片海就是之后的太平洋。

2. 印度洋的形成

大约 1.3 亿年前，北大西洋从一个很窄的内海开裂扩大，它的东部与古地中海相通，西部与古太平洋相通。随后南方古陆开始分裂，南美洲与非洲分开，两块大陆开裂漂移形成海洋，但与北大西洋并未贯通，海水从南面进出，是非洲与南美洲之间的一个大海盆。南方古陆的东半部也开始破碎分开，使非洲同澳大利亚、印度、南极洲分开，这两者之间出现了最原始的印度洋。

3. 大西洋的形成

随着印度洋的形成，大西洋也不断在开裂、扩大并加深。到 9000 万年前，大西洋南北贯通了，开始是表层海水可以南北交流，底部仍有一片高地阻隔，一直到 7000 万年前，南北才完全贯通。此时，大西洋已扩张到几千千米宽，洋底的深度也达到 5000 米，现在的大西洋就形成了。

而大西洋与北冰洋的贯通，是 5000 万年前的事。在这段时间里，印度大陆与澳大利亚、南极大陆分开，从而产生了爪哇海盆，印度大陆向北漂移，在 6500 万年前，每年移动 10 厘米，长驱北上一直漂移了 8000 千米的距离，最终向欧亚大陆撞去。由于印度大陆北移，使得非洲大陆也向北移，古地中海先后消失，残留的海盆形成现在的地中海、黑海、里海，古地中海大部分被挤压升高为一系列的山脉，成为地球上最复杂高大的山脉带。

因此，世界海洋中，太平洋是最古老的海洋，是泛大洋演化发展的结果。大西洋、印度洋是年轻的新生海洋，大西洋变成现在这样的面貌，只有五六千万年的历史，而印度洋的形成，时间更短一些。

另外，还需要注意的一点是，时至今日，随着地球深部的运动，海洋仍处在不断变化之中。只不过这种变化的进程非常缓慢，人们一般是难以察觉的。依照目前所知，世界上海洋最深点位于马里亚纳海沟的斐·查兹海渊，深 11034 米，如果把世界最高峰珠穆朗玛峰搬到其中，峰顶仍淹没在水下 2000 多米的地方，而海洋是否还有更深的地方或是以后会演变的什么样，仍有待科学的考证和时间的验证。

"泛大陆"是什么

众所周知，地球上有六块大陆，即欧亚大陆、非洲大陆、北美洲大陆、南美洲大陆、南极洲大陆和澳大利亚大陆。这六块大陆又合称为"六大陆"。但是，你知道吗？这六块大陆的前身是什么，数亿年前的大陆是什么样子的呢？带着这些问题，让我们一起了解和认识一个"泛大陆"的概念。

泛大陆又称"联合古陆"，是一个假设的古老地质时期的超级大陆，是大陆漂移学说的创始人德国物理学家魏格纳所设想的地史早期曾经存在的、将地球上所有大陆壳连接在一起，并被原始海洋围绕着的大陆块。1915年魏格纳比较完善地论述了泛大陆的发展过程。他认为古生代末期，也就是距今大约2.5亿年前的时候，整个地球表面只有一块完整的大陆。

魏格纳认为在中生代以前，现今地球表面的所有大陆，曾结合成为统一的巨大陆块，称之为"泛大陆"。侏罗纪开始后，该联合古陆破裂，先是分裂为北边的劳亚大陆和南边的冈瓦纳大陆。之后，再分裂与漂移至现在大陆分布之状况。

近代以来，地质学家的研究也表明，在10亿~13亿年前，地球上只有唯一的一个大陆，叫作罗迪尼亚泛大陆。这个大陆存在的时代，比魏格纳 1912 年提出的潘加联合古陆的概念提早了大约 7 亿~10 亿年。

据研究，当时的罗迪尼亚泛大陆是由许多很古老的陆块漂移拼合在一起的。后来，罗迪尼亚泛大陆又开始分裂，各个陆块四散漂移。到了大约 5.7 亿~5.5 亿年前时，先后从罗迪尼亚泛大陆漂离出来并散布在南半球的陆块又陆续聚合成另一个大陆，叫作冈瓦纳古陆。它是由现在的南极大陆、非洲、南美洲、印度次大陆等单元构成的。

罗迪尼亚泛大陆的其余部分则叫作劳亚古陆，这是由加拿大地盾、格陵兰地盾、波罗的海地盾（包括科拉半岛）和西伯利亚地台（俄罗斯地台）组成的。巨大的冈瓦纳古陆当时大约位于南极点到南纬 30 度之间。到 1.5 亿年前的时候，冈瓦纳古陆又分裂瓦解，其中的印度板块甚至远渡重洋，碰撞在古欧亚大陆上，形成喜马拉雅山脉和青藏高原。

那么，罗迪尼亚泛大陆和后来的冈瓦纳古陆为什么会分裂？冈瓦纳古陆在其 5 亿年演化历史中，是否在 2 亿~3 亿年前曾与劳亚古陆又一次聚合成潘加联合古陆？它们是怎样一步步分裂、漂移，又聚合，并最终形成现今地球的海陆格局的呢？

泛大陆常常被称之为盘古大陆。盘古大陆源自希腊语，有全陆地的意思，是指在古生代至中生代期间形成的那一片陆地。泛大陆的这一概念是由德国气象学家魏格纳于 1912 年提出的，并作为其大陆漂移学说的一部分。根据这个学说，盘古大陆由硅铝层（花岗岩类）组成，这一层同地壳顶部一种密度较大的物质（玄武岩类）硅镁

层保持均衡。据推测，盘古大陆约占地球表面积的一半，周围是原始太平洋。在三叠纪（约 2.45 亿~2.08 亿年前）时，盘古大陆开始解体，裂开的断块一部分成为劳亚古陆即今日的北半球，另一部分成为冈瓦纳古陆即今日的南半球。由此两古陆渐渐漂移分开，并形成大西洋。

盘古大陆的分裂可以以板块构造学加以解释。此理论认为地球的外壳（或岩石圈）是由一些相对移动，并在其边缘发生分裂、合并或彼此漂移的大而坚硬的板块所构成。盘古大陆在某一分离的板块边界处裂开，并在大陆下方发展成裂缝。当大陆的两断块被拉得更远时，来自岩石圈下方软流圈的熔融岩质即向上流动填满了这些空处，造成今日的大西洋盆底。

而且，根据魏格纳的板块构造理论，无论是在大洋底下或者大陆底下的岩层，原来都是一块块大板块构成的。在这些板块之间不是大洋中脊的裂口，就是几千米深的海沟或者是巨大的断层。正是这些特殊的构造使得原先的超级大陆逐渐分裂成一个个独立的大陆板块。

由此可见，目前人们所认知的大陆是由盘古大陆一步步分裂、漂移碰撞而逐渐形成的。除此之外，还有一个终极盘古大陆的概念。顾名思义，终极盘古大陆也就是说随着板块运动的不断进行，地质学家预测将会再度形成一个超大陆，这个超大陆被称为终极盘古大陆，估计会在二亿五千万年后形成。那么，这个终极盘古大陆是否真的会再次出现呢？

20 世纪 60 年代以来，科学家苏顿提出了地壳构造演化史的固化周期，认为大陆聚散可能与地幔对流有关。其固化周期即是古大陆聚散的周期。20 世纪 90 年代初，科学家们设想元古宙以来曾出现 5 次泛大陆。元古宙是一个重要的成矿期，距今 5.7 亿~25 亿年，即前寒武纪两个分期的晚期。中国地质学家王鸿祯于 1997 年提出可能自太古宙（古老的地质时期）末至今曾出现 5 次泛大陆，周期约为 5 亿~6 亿年。二叠纪至三叠纪（25 亿年）之前曾有过新元古泛大陆，该泛大陆持续了约有 8 亿年。更早的泛大陆尚属推测。

可见，历史上的各个泛大陆都有一个循环的周期。随着地质活动的演变和发展，人们目前认知的这几个大陆很有可能会重新连接在一起，构成一个新的泛大陆。当然，结果到底如何，还需要进一步的论证和事实的检验。

大陆上的文明"脚步"

人类的历史也就是文明的历史，在人类成长和发展的脚步中，人们不知不觉地留下了文明的痕迹。然而，文明有各种不同的划分，其中，最重要的一种分法是按照生成的地域划分，即大陆文明与海洋文明。而大陆文明就是人类文明的最重要方面。很大程度上来说，人类的文明就是从大陆上开始的。

所谓大陆文明，是指以大陆为生成背景的文明，即以农业为主要经济发展手段发展起来的文明。这种文明一般都产生在大河流域，中国，埃及，以及两河流域的国家就是比较有代表性的例子。而海洋文明是指以海洋为生成背景的文明。诞生这种文明的地方，一般来说大陆的面积会比较小，但却拥有较长的海岸线，农业欠发达，工商业发展迅猛。其中，荷兰、英国、威尼斯就是比较具有代表性的例子。

可见，大陆文明与海洋文明是有极大的不同和差异的。两者不同的生成背景，包括地域地貌、气候气象、自然生态、风土民俗以及历史文化等。而两者最主要的差别在于：大陆文明更多的是一种农业文明，海洋文明更多的是一种商业文明，两者代表人类文明两个不同的发展阶段与发展水平。

大陆文明的生成空间为陆地，陆地因受山岭江河阻隔而造成狭隘性与封闭性，因对土地的私人占有而产生封疆与世袭观念，又因土地占有的面积大小与山岳的高低而形成等级制度。

大陆文明，习惯上总以中华文明作为代表。一般来说，公认的大陆文明具有以下几个特点：地理位置上，绝大部分历史国土位于非沿海地区，经济发展较少依赖对外贸易，而在大部分历史时期里以自给自足的自然经济为主，社会文化中心多位于农业发达的内陆地区。但是，最重要的是此种文明在文化性格上的内敛性，重视本民族的文化传承，多有较强的安土重迁思想和民族中心主义思潮，文化的自稳性强，较难被其他文化所同化，因而给人以源远流长的印象。

同时，与海洋文明相比，大陆文明具有封闭、保守、墨守成规、求稳求太平、害怕社会变动的弊端。所以，人类的大陆文明虽然厚重、典雅、精彩纷呈，但是与海洋文明相比较而言也有其局限性。这种文明多由于地块狭小、土壤贫瘠等不适于发展农耕的原因，而大多具有较为悠久的商业传统（比如古腓尼基和近代英国），并在此基础上形成了较为外向的文化性格。其文化多元且多变，文化传承的脉络并不十分清晰，但因其对异族文化较为包容的态度和热衷探索的精神，因而适应当代世界的发展趋势。

　　总之，大陆文明和海洋文明还在不断地发展变化之中，这些文明印证着人类的足迹，代表着人类的成果，是一笔宝贵的财富。

第二章
大陆和海洋的沧海桑田

　　粗略来看，大陆和海洋构成了地球的基本面貌。它们是地球上两个最大的组成成员。它们相依相偎，共同点缀着五彩斑斓的地球。同时，大陆和海洋还在不停地进行着相互转化和转变，"沧海桑田"其实说的就是这一变化过程。那么，沧海桑田是怎么一回事？它又是如何实现的呢？现在，我们就一起来揭秘。

大陆也常"擅离职守"

在人们的日常生活和感觉中，大陆是静止不动的，是稳如泰山的。但是，事实上大陆并不是人们想象的那样稳定。大陆其实也是运动和变化的，它也时常"擅离职守"。或许这样说，有些不可思议，但事实确实如此。

1984 年，美国科学家证实地球上的大陆围绕着地球缓慢而不间断地运动着。美国国家航空和航天局从 20 世纪 70 年代初用激光发射器，把强大光束由地球的某点射到 5600 千米高空的一颗特殊卫星的反光镜上，该光束再反射回地球的发射点，根据光束在两点之间所用的时间，算出两者之间的距离。这类数据与相关研究（取自岩石的资料）证实，欧洲和北美洲随着大西洋的扩大而相互漂离得越来越远，夏威夷和南美洲越来越靠近，西加利福尼亚最终将成为太平洋中的一个岛屿。美国航天观测数据与板块地壳构造学说是相吻合的，即大陆是漂流在地幔表面熔化了的岩石上面 30 多千米厚的板块。

板块地壳构造学说认为，目前的大陆约在 3 亿年以前形成，而漂移运动则始于 1.8 亿年前。观测数据说明，大西洋每年扩大 1 厘米，夏威夷和南美洲每年接近 5 厘米，澳大利亚和北美洲每年分离 1 厘米，处在两个不同的大陆板块上的北加利福尼亚和南加利福尼亚在相互挤压，每年每个板块都要磨掉 6 厘米。此外，在加利福尼亚发生的大多数地震也是由板块运动引起的。

另外，从恐龙的生存也可以窥见一斑。据考古得知，恐龙化石并不是在一块大陆上发现的。那么，我们不免会产生这样的疑问，那就是体型如此庞大的动物是如何从一个大陆越过大洋到达另一个大陆上去的呢？

很显然，恐龙这样的庞然大物是不可能远渡重洋的，造成恐龙化石在各大陆均有分布的原因是因为大陆在不知不觉中发生了漂移。根据研究发现，地壳是由一些紧密拼合在一起的大板块构成的。而且，这些板块是在运动着的，板块的位置是发生移动的。在这些板块移动的过程中，一些板块被拉开，而另一些则挤压在一起，同时，一个板块也会缓慢地向另一板块下面俯冲。

其实，我们可以这样形象地打个比方，在板块的背上背着一块块的大陆，当板块向另一个方向运动时，大陆也随之一起运动。每隔一段时期，板块会将所有的大陆汇聚在一起，此时地球仅由一块陆地构成，称为"泛大陆"。当板块继续运动时，大陆又重新被分离开。

在 40 多亿年的地球发展史中，泛大陆形成和分裂过多次，最后一次完整的泛大陆大约是在 2.25 亿年前形成的。这个泛大陆存在了数百万年以后，又开始显示出破裂的迹象。

可见，大陆并不是在一个位置上稳固不变的。它是会移动的。只不过，这种移动和变化是比较微弱的，人们是察觉不出来的。那么，大陆漂移假说是如何被提出来的呢？其实，提出大陆漂移说源自于一个很偶然的发现，发现者就是我们在上一章中"泛大陆"一节里提到的魏格纳。

1910年的一天，年轻的德国科学家魏格纳躺在病床上，目光正好落在墙上的一幅世界地图上。"奇怪！大西洋两岸大陆轮廓的凹凸状况，为什么竟如此吻合？"他的脑海里再也平静不下来，并引发出一系列的问题：非洲大陆和南美洲大陆以前会不会是连在一起的？也就是说它们之间原来并没有大西洋，只是后来因为受到某种力的作用才破裂分离。那么，由此看来，大陆会不会是漂移的？后来，魏格纳通过调查研究，从古生物化石、地层构造等方面找到了一些大西洋两岸相同或相吻合的证据。

接着，魏格纳在对古气候进行研究时，发现了一系列问题：为何古老的爬行动物水龙龟的化石广泛分布于南半球的陆地上？为何热带的舌羊齿植物曾出现在现在的温带地区伦敦、巴黎甚至北极圈的格陵兰？而巴西、刚果等现在的热带地区为何又曾被冰川所覆盖？

同时，魏格纳提出，根据造山等的地质活动，以及不能越过大洋的羊齿类植物，蜗牛等小动物，在3亿年前的冰川时期曾广泛分布于南美洲大陆和非洲大陆。最后魏格纳得出结论：大约3亿年前，我们今天所知的南北美洲大陆、非洲大陆、欧亚大陆、南极大陆等统统属于一块"超级大陆"，后来这块"超级大陆"分裂为若干块大陆，并经过漫长岁月的移动，终于形成了今天的大陆位置状况。

对此，魏格纳作了一个简单的比喻：这就好比一张被撕破的报纸，不仅能把它拼合起来，而且拼合后的印刷文字和行列也恰好吻合。

魏格纳还认为：较轻的花岗岩质大陆是在较重的玄武岩质海底上漂移的，并列举了许多事实来证明这种漂移。如大洋两岸特别是大西洋两岸的轮廓，凹凸相合，只要把南北美洲大陆向东移动，就可以和欧非大陆拼在一起，几乎严丝合缝。而且在被大洋所分割的大陆上，地层、构造、岩相、古生物群、古气候等也都具有相似性和连续性。以古构造学而论，如非洲的开普山和南美的布宜诺斯艾利斯山可以连接起来，被看作是同一地质构造的延续。以古气候学而论，如在南美洲、非洲、印度、澳大利亚洲都发现有石炭二叠纪的冰川堆积物，说明它们当初是连在一起的，并正好处于极地位置，是以后经过分裂、漂移才形成目前这种分布的形势。

1912 年，魏格纳正式提出了"大陆漂移假说"。在当时，他的假说被认为是荒谬的。因为在这以前，人们一直认为七大洲、四大洋是固定不变的。为了进一步寻找大陆漂移的证据，魏格纳只身前往北极地区的格陵兰岛探险考察，但在他 50 岁生日的那一天不幸遇难。值得欣慰的是，他的大陆漂移假说现在已被大多数人所接受。这一伟大的科学假说，以及由此而发展起来的板块学说，使人类重新认识了地球。

比如，2001 年 5 月，我国科学家发现的 25 亿年前的大洋地壳残片之所以为世人瞩目，关键就在于这些残片为"大陆漂移假说"和"板块构造说"提供了有力的证据。

又如，海牛和鸵鸟都不会飞，但是在非洲和南美洲相同的地层中都发现了它们的化石，这就说明了很久之前这两块大陆可能是连在一起的，因为这显然很难用巧合来解释。

同时，有科学家根据"大陆漂移假说"和"板块构造学说"进行预测，未来的红海可能扩张成大洋，而太平洋则会缩小。由于印度洋板块和非洲板块发生张裂拉伸，使亚洲和非洲之间的红海不断扩大，东非大裂谷也会越来越大。所以有人预言，几千万年后，红海将变成新的大洋。

还有科学家预言，地中海会消失。因为，它位于非洲板块、欧亚板块和印度洋板块交界处，这三大板块碰撞挤压，最终使地中海消失。

一般来说，在六大基本板块的内部，地壳较稳定，板块之间的交界处是地壳运动最激烈的地带，经常发生火山喷发和地震。我国科学家在河北遵化发现的 25 亿年前的大洋地壳残片，正是由于大陆漂移致使两板块间发生碰撞抬挤后被冲到大陆上来的。

另外，对于喜马拉雅山脉的形成和珠穆朗玛峰的不断增高，也可以用大陆漂移说进行解释。因为，喜马拉雅山位于欧亚板块和印度洋板块交界处。根据大陆漂移假说，欧亚板块和印度洋板块碰撞，并且印度洋板块俯冲到欧亚板块的下方，形成了喜马拉雅山脉，并使珠峰不断升高。

可见，我们平时熟知的大陆并不是人们想象的那么简单，大陆其实也是在不断运动和漂移的。那么，大陆为什么会产生漂移呢？

根据地球科学研究表明，大陆漂移是由于板块运动引起的。板块构造学说认为地球表层岩石圈并不是一个整体，而是多个板块拼合而成的。全球有六大板块，它们处于不断的运动状态中，使海洋和陆地的相对位置不断变化。

另外，也有古地磁学家提出导致大陆漂移的是地球磁场。实测记录表明，地磁极有围绕地理极做周期性运动的趋势，其运动的周期可能为104~105 年。20 世纪以来的岩石磁性的测量表明，在最近的 500 万年期间，地磁极是均匀分布在地理极四周的，其平均位置与现代地理极重合。

今天看起来，地球的两个磁极南磁极和北磁极几乎是固定不动的，但是，在漫长的地质历史上，其位置是移动的并发生过逆转。

根据古地磁学，科学家复原了以往各个地质时期生成的岩石的磁场，由此推定了南北磁极的位置。磁极随时间推移而形成的移动轨迹，被称为"极移动曲线"。1950 年，英国的基斯·兰卡恩和帕特里克·布兰科特等人，根据对欧洲大陆和北美洲大陆各地质时期岩石中残存磁场的精确测定，成功地得到了"极移动曲线"。按照现有理论，地球只存在南磁极和北磁极两个磁极，从各个大陆研究得来的南磁极或北磁极的"极移动曲线"理应是一致的。然而，兰卡恩等人求得的两条"极移动曲线"形状相似却沿经线偏离。要是把大西洋两边的北美大陆和欧洲大陆合在一起，那么对应的"极移动曲线"恰好能够吻合。这个事实正好说明了大陆漂移具有可能性。但是由于导致大陆漂移的动力问题还没能彻底得到解决，所以一些科学家对这一依据仍持有异议。

但是，不管怎样，人们自以为稳如泰山、固定不动的陆地其实是在运动和变化着的。只不过，这种运动变化的过程非常缓慢，人们难以凭感觉察觉出来。

海底会扩张吗

多少年来，人们的地质工作大都在大陆上进行。但是，在第二次世界大战后，由于科学技术的发展，特别是苏美等国家争夺战略要地和海底资源，各种科学伸入到海洋这片占地球总面积71%的"未知区域"，展开了多方面的调查工作，并获得了大量海洋科学的资料。比如，发现或进一步弄清了大洋中脊形态、海底地热流分布异常、海底地磁条带异常、海底地震带及震源分布、岛弧及与其伴生的深海沟、海底年龄及其对称分布、地幔上部的软流圈等。而且，在这些新资料的基础上，还产生了一个崭新的学说——海底扩张说。

海底扩张说在大陆漂移说的基础上，把大洋中脊的扩张与海沟、岛弧的俯冲联系起来，即认为大洋水体虽然是古老的，但洋底因不断更新而具有新洋壳，而大陆则是由不同时代的陆块不断裂解、拼合和增生而成。

该学说是有关岩石圈的一种学说，是 20 世纪 60 年代初期由美国赫斯和迪茨等人提出的关于海底地壳生长和运动扩张的学说。海底扩张学说在新全球构造观中起着承上启下的作用，既是大陆漂移说的进一步发展，又为板块构造打下了基础。1960 年，赫斯在普林斯顿大学发表《海洋盆地历史》一文，详细阐述了海底扩张的观点。他认为，洋底地质构造是地球内部（地幔）对流的直接表现。地幔对流的上升点在大洋中脊，然后分成两支向两侧运动，把地壳拉裂，形成中央裂谷。也就是说，大洋中脊裂谷是海洋地壳诞生之处，地幔物质从这里涌出，冷凝后形成新的大洋地壳。随着新洋壳的不断产生，旧洋壳就从大洋中脊不断向两侧扩张，直到与陆壳相遇而在海沟附近向下俯冲，使最老的洋壳熔融消亡于地幔之中，达到新生和消亡的消长平衡。洋底地壳在 3 亿年间更新一次。

在海底扩张说中，大洋中脊是个比较重要的概念。大洋中脊又称之为洋脊，指海底纵横绵延的山脉，总长度可达 6.5 万千米，是地球上最长的山脉。其中最典型的为大西洋中脊，它与两侧大陆平行延伸，略呈 S 形，

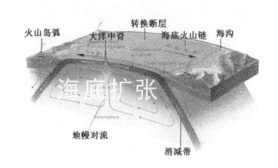

高出洋底 2000~3000 米，洋脊中央常为一深陷裂谷，两侧有一系列的阶梯状断层，形成地堑构造。有些海底山脉并不在大洋的中间，一般称为海岭，如沿东经 90°的东印度海岭，北冰洋上的罗蒙诺索夫海岭等。又如太平洋东部的海岭，没有明显的中央裂谷，也不甚崎岖，称为太平洋中隆。

根据实地勘测，人们发现洋脊具有如下地球物理方面的特点：

（1）洋脊为高地热流异常区。中央裂谷附近的热流值常是深海盆正常值的 2~3 倍。

（2）重力测量结果，中央裂谷一带常表现为重力负异常区。

（3）地震波的研究表明，在洋脊下方的地幔中，波速小于正常值，同时莫霍面不清，地壳有明显变薄的趋势。

以上各项地球物理测量说明洋脊下面是软流圈物质上涌的部位，温度较高，密度变小，有部分物质熔融变为岩浆（反映重力值降低，波速降低），洋脊是地热的排泄口（反映热流值较高）。

此外，深潜探测及海底打捞资料证明，在洋脊大部分地段基岩裸露，主要为玄武岩，而且岩石比较年轻，最古老的岩石不超过 2 亿年。同时，大洋中脊是洋底岩石最年轻的地方，没有或只有极薄的深海沉积物，在较深部位的岩石由于地温较高，有不同程度的变质现象，而年龄相同的岩石在大洋中脊两侧对称分布。另外，在距离大陆较近的地方，存在海沟和岛弧，海沟处是大洋岩石中最古老的地方，也是大洋地壳消失的地方。

比如印度洋，印度洋洋中脊区的磁异常呈条带状，正负相间、平行于中脊的延伸方向，并以中脊为轴呈两侧对称状，其顺序与年代一致，证明洋底是从大洋中脊向外扩展而成。

关于距离大陆较近的地方存在海沟和岛弧，大致过程也应该是这样的：在洋底扩张过程中，其边缘遇到大陆地壳时，扩张受阻碍；于是，洋壳向大陆地壳下面俯冲，重新钻入地幔之中，最终被地幔吸收。这样，大洋洋壳边缘出现很深的海沟，在强大的挤压力作用下，海沟向大陆一侧发生顶翘，形成岛弧，使岛弧和海沟形影相随。

另外，大洋中脊两侧的地质特征也是很好的依据。根据考察研究，在大洋中脊人们发现了许多地质现象。比如，大洋中脊两侧地质现象的对称性、海底磁条带沿大洋中脊的对称排列、海底沉积物年龄从大洋中脊两侧由新到老对称分布。而且，从海底沉积物的年龄上也可以窥见一斑。经洋底采样及年龄测定证明，最老的海底沉积物的年龄不早于侏罗纪，即不早于 2 亿年，远比大陆上最古老的岩石（38 亿年）要年轻得多。也就是说，这些所谓的最古老的海底沉积物很可能并不是海洋形成之初的沉积物。

1965 年，地质学者威尔逊提出了转换断层的概念，这就使岩石圈水平位移学说被人们关注，威尔逊也因此阐明了大洋中脊的扩张和新生洋壳和海沟带的洋壳俯冲消减的消长平衡关系，即扩张与消减速率相等。

可见，洋脊位于温度较高的地幔软流圈上隆的地段，是岩石圈的巨型张裂谷，是岩浆的涌出口和地热排泄口，也是区域变质发生的地带。所以，海底扩张说认为，高热流的地幔物质沿大洋中脊的裂谷上升，不断形成新洋壳；同时，以洋脊为界，背道而驰的地幔流带动洋壳逐渐向两侧扩张，地幔流在大洋边缘的海沟下沉，带动洋壳潜入地幔，被消化吸收。

值得一提的是，大西洋与太平洋的扩张形式不同：大西洋在洋脊处扩张，大洋两侧与相邻的陆地一起向外漂移，大西洋在不断展宽；太平洋底在东部的洋脊处扩张，在西部的海沟处潜没，潜没的速度比扩张的速度快，所以太平洋在逐步缩小，但洋底却不断更新。深海钻探的结果也证实，海底扩张说的观点是成立的。大洋中脊处新洋壳不断形成，两侧离洋中脊越远处洋壳越老，证明了大洋底在不断扩张和更新。海底扩张说较好地解释了一系列海底地质物理现象。

所以，海底扩张学说是大陆漂移学说的新形式，也是板块构造学说的重要理论支柱。它的确立，使大陆漂移说由衰而兴，主张地壳存在大规模水平运动的活动论取得胜利，为板块构造说的建立奠定了基础，也使一些地质问题得到有效的解答。

比如，洋脊是岩石圈的张裂带和地下岩浆涌出口，如果这种作用继续进行，岩石圈是不是会拉开？越来越多的岩浆生成的海沟（或贝尼奥夫带）是岩石圈的挤压带，如果这种作用继续下去，岩石圈将会缩短到什么程度？深海沉积物既薄而又年轻，如果深海沉积速度以每 100 年 1 毫米计，从太古代至今，应该有 30 千米以上的厚度，但实际上只有几十、几百米的厚度，这是因为什么？

凡此种种，如果按照传统的地质学理论是无法加以解释的。而海底扩张说则能给予这些现象合理的解释。所以，海底扩展说对地质学的进一步研究提供了良好的导向。

同时，海底扩张说对于许多海底地形、地质和物理的特征也都能作出很好的解释。特别是它提出一种崭新的思想，即大洋壳不是固定的和永恒不变的，而是经历着"新陈代谢"的过程。地表总面积基本上是一个常数，既然有一部分洋壳不断新生和扩张，那就必然有一部分洋壳逐渐消亡。这一过程大约需 2 亿年。这就是在洋底未发现年龄比这更老的岩石的缘故。

那么，海底扩张学说可信吗？海底扩张说有没有什么瑕疵或是存在缺陷的地方呢？

确实，海底扩张学说虽然为地质研究解决了很多难以解释的问题，但是自身也存在着一定的不足和局限，比如对于推动板块运动的力量是什么，并没有给予说明。同时，海底的地形也并没有海底扩张说所主张的那样理想。按照海底扩张说，海底地形应该全是大洋中脊，而实际并非如此。另外，大西洋的两条海沟也缺乏力证。依据海底扩张说的理论，大西洋在洋中脊处扩张，大洋两侧与相邻的陆地一起向外漂移，大西洋不断拓宽，这样的话就很难解释大西洋有两条海沟的问题。

因此，海底扩张学说确实还有很长的一段路要走，对于洋底世界的探索和发现，还需要一代一代人持续的努力才能最终得到确定。

令人惊诧的板块构造学说

众所周知，地球大部分是海洋，太平洋、大西洋、印度洋和北冰洋互相沟通，连为一体，包围着六块大陆：欧亚大陆、非洲大陆、北美洲大陆、南美洲大陆、南极洲大陆和澳大利亚大陆。但是，这些分散的大陆并不显得凌乱，甚至大陆与大陆之间似乎还有着某种默契，能够巧妙地拼接在一起。这到底是怎么回事呢？大陆真的会漂移吗？然而，这一切问题的解决还有赖于板块构造学说的诞生。

　　所谓板块构造学说，又称板块构造假说、板块构造理论或板块构造学，是为了解释大陆漂移现象而发展出的一种地质学理论。该理论认为，地球的岩石圈是由板块拼合而成的。1968年法国地质学家勒皮顺根据各方面的资料，首先把全球划分为六大板块，即太平洋板块、欧亚板块、印度洋板块、非洲板块、美洲板块和南极洲板块。除了太平洋板块几乎完全是海洋外，其余五大板块既包括大块陆地，又包括大片海洋。后来，随着研究的进一步推进，又有一些地质学家在六大板块中划分出许多小的板块。比如，美洲板块分为北美和南美板块，印度洋板块分为印度和澳大利亚板块，东太平洋单独划分为一个板块，欧亚板块分出东南亚板块以及菲律宾、阿拉伯、土耳其、爱琴海等小板块。

　　同时，板块构造理论认为这些板块是活动的，海洋和陆地的位置是不断变化着的。比如，太平洋板块，从太平洋东部的中隆新生出来的大洋壳，平均每年以5厘米的速度向西移动，两亿年内可移动1万千米。从太平洋东部的中隆至马里亚纳海沟的消亡带正好为约1万千米，而马里亚纳海沟及其附近海底的岩石年龄也正好为1.5亿~2亿年。这有力地说明了太平洋底大约每两亿年更新一次。

　　根据这种理论，板块构造学说把地球内部构造的最外层分为两部分：外部的岩石圈和内层的软流圈。这种理论基于两种独立的观测结果：海底扩张和大陆漂移。

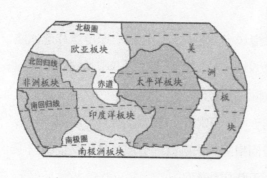

　　由上面的内容我们可以得出结论，板块构造学说是综合许多学科的最新成果而

建立起来的大陆构造学说，是当代地球科学的最重要的理论成就，并认为是地球科学的一次革命。它从大量海洋调查研究的材料出发，对大洋壳的新生和代谢过程作了详尽的论证，获得了最近两亿年来地壳变化的理论模式，从侧面丰富了地质学和地球物理学的理论。特别是它以整个岩石圈的活动方式为依据，建立起世界范围的构造运动模式，所以板块构造学说又称之为全球构造学说。

另一方面，板块构造学说是在大陆漂移学说和海底扩张学说的基础上提出的。根据这一新学说，板块本身是不会变形的。相对于外部或边缘而言，板块内部具有相对稳定性，板块边缘则由于相邻板块的相互作用而成为构造活动强烈的地带；板块之间的相互作用控制了岩石圈表层和内部的各种地质作用过程，同时也决定了全球岩石圈运动和演化的基本格局。而最为突出的观点是，地球表面覆盖着不变形且坚固的板块（地壳），这些板块以每年1~10厘米的速度在移动。但由于地球面积是有限的，因此地球板块分类为三种状态：其一为彼此接近的汇聚型板块边界；其二为彼此远离的分离性板块边界；其三为彼此交错的转换型板块边界。

具体来说，这三种板块边界的状况大致是这样的。

1. 汇聚型板块边界

汇聚型板块边界又称挤压型边界，也称为贝尼奥夫带。这种边界主要以岛弧—海沟为代表。在西太平洋这种形式最为典型，如日本岛弧-海沟、千岛岛弧—海沟、汤加岛弧—海沟等。这里是两个板块相向移动、挤压、对冲的地带。板块汇聚向下俯冲的弯曲部分的表层处于拉伸状态，形成一系列正断层，所以在海沟附近是浅震很多的地方。板块继续向下俯冲，另一侧板块向上仰冲，正断层到深处转变为逆断层，板块间受到强烈的挤压、摩擦，积累了大量应变能，这种能量常以地震形式突然释放出来。由于俯冲带一般向大陆方向倾斜，因此由海到陆形成从浅震到深震有规律的分布。当板块俯冲到深处，完全被地幔熔融，不再发生摩擦作用，因此也就不会再有地震发生。目前已知最大震源深度为720千米，据此认为这是板块俯冲的最大深度，在此深度以下，板块已经全部熔化、消亡。

大洋岩石圈板块沿着消亡带俯冲到150~200千米深度，由于板块摩擦所产生的热和随深度而增加的热，使洋壳局部熔融形成岩浆，高温熔融物质密度相应减低，再加上强大的挥发成分所产生的内压力，促使岩浆在不同深度上升，形成火山，火山相连形成岛弧。若消亡带的倾角为45°左右，则火山岛弧带距离海沟应为150~200千米，并在岛弧与海沟之间形成50~100千米宽的无火山带。

除此之外，也有另外一种形式，如在南美，一侧为海沟，一侧为安第斯山，叫作山弧—海沟型。

2. 分离型板块边界

分离型板块边界又称拉张型边界，主要以大洋中脊（或中隆、海岭）为代表。它是岩石圈板块的生长场所，也是海底扩张的中心地带。其主要特征是岩石圈张裂，基性、超基性岩浆涌出，并伴随有高热流值及浅震。如大西洋中脊、太平洋东部中隆等都属于此种类型。在洋脊两侧或分布有直线排列的火山或平顶山，它们的年龄与洋脊的距离成正比。原先在洋脊形成的火山锥，由于海浪的侵蚀作用把顶截去，形成平顶山，并逐渐向两侧推移；顶部海水深度也随离洋脊的距离而加大，有时上面被数千米厚的珊瑚礁所覆盖。在西太平洋和南太平洋分布着许多平顶山。

大陆裂谷也属于拉张型边界。绝大多数裂谷为复式地堑构造，中间下陷最深，两侧为一系列阶梯状断层，主要为高角度正断层。典型的裂谷位于隆起带的顶部，如东非大裂谷、贝加尔裂谷等，垂直断距可达数千米。在裂谷中火山活动比较频繁，浅源地震比较活跃。其明显的高地热流异常。有一部分大陆裂谷被认为是胚胎时期的洋脊，可发展形成新的海洋。

3. 转换型板块边界

转换型板块边界又称平错型边界，这种边界是岩石圈。它既不生长，也不消亡，只有剪切错动的边界。转换断层就属于这种性质的边界。

转换断层是威尔逊于 1965 年提出的一种新型断层，它构成了板块构造模式中最重要的特点之一。大洋中脊常为垂直于它的横断层所错开，并常切成许多段。从表面看，这些断层非常像平推断层，但经过地震发震机制等研究，它又和平推断层有许多差异。

而且，正是由于海底扩张，导致断层的运动方向和特点发生了改变，所以称为转换断层。转换断层的推断和证实，在地球物理学界再一次引起震动，并为海底扩张说增加了新的根据，从而使现代活动论在地球科学领域居于主流地位。

转换断层在海底常形成一些深沟，水平断距可达数百千米。著名的美国西部圣安德列斯断层为一右旋断层，其西盘向北移动达 1100 千米，是有名的地震带。该断层从前被认为是一条平推断层，威尔逊和瓦因根据地磁资料，证实它是一条错开的太平洋中隆的转换断层。

另外，板块运动和海洋演化也是有极大的关联的。

按照板块构造理论，不仅在海洋中有洋壳分裂、地幔物质涌出、新洋壳的生长，而且在大陆上也有同样的现象，人们熟知的大陆裂谷就是这样的地带。东非大裂谷正处于陆壳开始张裂，即大洋发展的胚胎期。

若裂谷继续发展，海水侵入其间，就会像红海和亚丁湾一样，因而被认为是大洋发展的幼年期。如果再继续扩张，基性岩浆不断侵入和喷出，新洋壳把老洋壳向两侧推移，扩张速率以每年5厘米计算，大约经过1亿年，就会形成一个新的"大西洋"。板块说认为大西洋就是正处于大洋发展的成年期；而太平洋的年龄比大西洋要老，它正处于大洋发展的衰退期；地中海是宽阔的古地中海经过长期发展演化后的残留部分，代表大洋发展的终了期；印巴次大陆长期北移，最后和欧亚板块相撞，二者熔合在一起，形成巍峨的喜马拉雅山脉以及地缝合线的形迹，地缝合线代表大洋发展的遗痕。

可见，大洋也有生有灭，它可以从无到有，从小到大；也可以从大到小，从小到无。一般来说，大洋的发展可分为胚胎期（如东非大裂谷）、幼年期（如红海和亚丁湾）、成年期（如目前的大西洋）、衰退期（如太平洋）与终了期（如地中海）。大洋的发展与大陆的分合是相辅相成的。在前寒武纪时，地球上存在一块泛大陆，以后经过分合过程，到中生代早期，泛大陆再次分裂为南北两大古陆，北为劳亚古陆，南为冈瓦那古陆。到三叠纪末，这两个古陆进一步分离、漂移，相距越来越远，其间由最初一个狭窄的海峡，逐渐发展成现代的印度洋、大西洋等巨大的海洋。到新生代，由于印度已北漂到亚欧大陆的南缘，两者发生碰撞，青藏高原隆起，造成宏大的喜马拉雅山系，古地中海东部完全消失；非洲继续向北推进，古地中海西部逐渐缩小到现在的规模；欧洲南部被挤压成阿尔卑斯山系，南、北美洲在向西漂移过程中，它们的前缘受到太平洋板块的挤压，隆起为科迪勒拉·安第斯山系，同时两个美洲在巴拿马地峡处又相接；澳大利亚大陆脱离南极洲，向东北漂移到现在的位置。于是海陆的基本轮廓发展成现在的规模。

因此，海洋从开始形成到封闭，可以归纳为下列过程：大陆裂谷→红海型海洋→大西洋型海洋→太平洋型海洋→地中海型海洋→地缝合线。这一过程被称为大洋发展旋回或威尔逊旋回。

总之，板块构造学说对目前大陆的现状、大陆漂移说以及地质构造的研究具有十分重要的意义。根据板块构造理论，很多疑惑的问题就可以得到很好的解释了。

软流层的存在与作用

根据大陆漂移理论，人们知道我们熟知的大陆并不是安安稳稳地停留在一个地方的。随着大陆的漂移，陆地与海洋发生着微妙的变化，陆地上出现了各种各样的地表形态。然而，大陆漂移动力是什么呢？下面，我们就一起来看一下。

1912 年，魏格纳正式提出了"大陆漂移假说"，而且魏格纳还作了一个形象的比喻。那就是这些大陆板块是漂浮在具有流动性的地幔软流层之上的，这就好像船漂浮在水上一样。从这个形象的比喻中，我们不难发现，在大陆漂移的过程中，软流层发挥着十分重要的作用。

随着软流层的运动，各个板块也会发生相应的水平运动。据地质学家估计，大板块每年可以移动 1~6 厘米距离。这个速度虽然很小，但经过亿万年后，地球的海陆面貌就会发生巨大的变化：当两个板块逐渐分离时，在分离处即可出现新的凹地和海洋；大西洋和东非大裂谷就是在两大板块发生分离时形成的。喜马拉雅山就是三千多万年前由南面的印度板块和北面的欧亚板块发生碰撞挤压而形成的。有时还会出现另一种情况：当两个坚硬的板块发生碰撞时，接触部分的岩层还没来得及发生弯曲变形，其中有一个板块已经深深地插入另一个板块的底部。由于碰撞的力量很大，插入部位很深，以致把原来板块上的老岩层一直带到高温地幔中，最后被熔化了。而在板块向地壳深处插入的部位，即形成了很深的海沟。西太平洋海底的一些大海沟就是这样形成的。

可见，软流层的存在使得大陆漂移成为可能。下面，我们就一起来认识一下软流层，并从各个方面认识一下软流层的作用。

相对于刚性地壳，地幔的上部存在软流层。软流层又称之为软流圈。软流层一般认为是岩浆的主要发源地。软流层的分布具有明显的区域性差异，总的规律是大洋之下位置较高，一般在 60 千米以下，而大陆之下位置较浅，深度在 1200 千米以下。软流层底界面不十分确定，与岩石圈之间没有明显界面，具有逐渐过渡的特点。

一般来说，软流层的形成需要高温条件，以及水和挥发性组分的加入等因素。地球内部温度会随着深度的增加而增高，一般至 100 千米深时，温度便接近于地幔开始熔融的温度，这时在水和挥发性组分的参与下，开始产生选择性熔融，逐渐形成固流体软流层。因此，软流层在高温高压环境下是熔融态，接近固态，有流动性，但流动性极差。在莫霍面横纵波加速，到了软流层又会慢下来些。但这个层次相对地球半径来讲是很薄的。

另外，由于软流层位于岩石圈底部，它的平均密度比大洋岩石圈小，但比大陆岩石圈大，而顶面又起伏不平，大洋中脊与海沟之间的高差为

30~40千米，大陆盆-山系之间的高差为20~30千米，所以该层是造成岩石圈严重失稳及导致大洋岩石圈板块下滑、潜没、漂移、扩张的决定性因素，也是大陆岩石圈在软流层上漂移（也只能是漂移而不能向下潜没）的原因所在。

同时，软流圈的形成是一个漫长的地质演化过程。软流圈熔岩产生时所需的热能、水和挥发性物质，主要由放射性元素衰变和地球圈层分化过程释放出来。释放出来的热能和轻组分上升到低温、刚硬的岩石圈底部时，受到岩石圈的阻挡而逐渐积累起来，从而导致该部位最终形成软流层，所以软流层的形成是地球发展到一定阶段的产物。没有软流圈便不会有岩石圈，特别是大洋岩石圈；而没有软流圈，大规模密度倒转现象也不会发生，也不会出现贝尼奥夫带，以及由贝尼奥夫带所提供的板块大幅度漂移的应变空间；因而，也就没有了板块运动。所以，也可这样认为，板块构造是地球圈层分化到软流圈阶段之后才产生的。

另外，在软流层和板块运动的关系中，地幔对流也是一个十分重要的概念。有些地质学家认为大陆漂移的动力就来源于地幔的对流。

地幔对流是人们根据对地球的认识而推断出来的一种假说。早在1881年，地质学家费希尔在《地壳物理学》一书中就提出了地幔中可能存在着对流的观点。20世纪30年代，英国地质学家霍姆斯曾企图以地幔对流来解释大陆漂移的驱

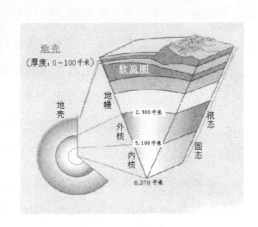

动机理。60 年代，地幔对流的思想则成为解释海底扩张和板块大地构造学说的重要理论之一。板块学说认为，驱动板块运动的主要因素是某种形式的地幔对流。地幔对流是与地球动力学的研究同时发展起来的。

那么，什么是地幔对流呢？下面，我们就来一起看一下。

板块构造学说认为地幔对流是板块运动的主要驱动机制。地幔对流一词汇在 19 世纪已有人提出，20 世纪 60 年代这一观点被地质学家广泛接受，并成为海底扩张、板块移动以及地幔柱形成的重要机制。具体来说，地幔是由高温的热物质组成的，由于地幔内部存在密度和温度的差异，导致固流体物质也可以发生流动。

在"软流层"中，下面的热物质从下向上升，然后扩散并冷却，最后成为比较致密的物质下沉。这样的环流把地幔上部的刚性表皮及地壳从热的上升区带到较冷的下沉区，从而形成一个对流体系。正是这种对流，成为板块运动的动力。

按流变性质划分，地球上层分为岩石层（圈）和软流层（圈）。软流层中的地幔物质由于部分熔化，具有类流体性质。在有限的厚度流体层中由密度差（或温差）驱使的热对流一般呈蜂窝状结构，每个蜂窝中都有上升流、下降流和水平流动，它们构成一个完整的对流单元。

二维问题中的对流单元称为对流环。完全流体层中的对流环一般呈长方形。根据深源地震资料以及地幔相变区和流变参数的估算，多数学者认为地幔对流层的最大深度为 700 千米左右。因此在一个板块下面就有几个甚至十几个对流环。相邻对流环中的流动方向相反，对浮于其上的岩石层板块的拖动力方向也相反，造成拖动力互相抵消。

但是，也有人认为把地幔对流限制在 700 千米深的上地幔内的根据是不充分的，因而主张全地幔对流。20 世纪 70 年代末至 80 年代初，全地幔对流研究十分活跃，包括探讨全地幔对流的特征及其与地表观测数据的联系，特别是已开始考虑三维效应。但是全地幔对流假说是否成立，还要由它能否解释各种地球物理观测资料来判定。

所以，地幔对流是一个复杂的系统，它既是一种热传导方式，又是一种物质流的运动。地幔对流是在缓慢的进行的，对流活动的时间可达几千万年，甚至几亿年。地幔对流的流动形态可以不同，热的地幔物质上升减压常常伴随有部分熔融作用发生。地幔对流可以是从核幔边界上升至岩石圈底部，形成全地幔对流环；也可以是分层对流，即上、下地幔分别形成对流环。近些年来，地震层析和地球化学研究成果已证实地幔的流变。

其实，软流层就是在地震波传播速度研究中发现的。科学家在研究地震波传播速度在地球内部的变化时发现，上地幔接近顶部的位置有一个地震波传播速度明显加快的层，称为"莫霍面加速层"。推测此层地震波传播速度快的原因是积累的热量使岩石软化并局部熔融，故称为"软流层"。

另外，在地幔中，特别是地幔软流层中发生的热对流比较重要。地幔对流是一种自然对流，既是发生在地幔中的一种传热方式（通过物质运动传递热量），又是一种地幔物质的运动过程（由物质内部密度差或温度差所驱使的），是地球内部向地球表面输送能量、动量和质量的一种有效途径。由于它被认为是地球演化的最可能的驱动因素，并且与大洋中脊裂谷和大陆裂谷的形成、地表热点的分布、地震和火山活动，以及某些矿物的生成密切相关而受到重视。

其中，地幔对流中的上升运动对地球物理学有重要意义。它是从地球内部向地表输送能量、动量和质量的主要途径，被称为地幔上涌流动或热柱。柱状地幔上涌流有时也被称为地幔涌流，上涌流动与大洋中脊裂谷和大陆裂谷的形成、地表热点和火山现象密切相关，因而受到重视。

总之，在对板块运动的研究中，软流层发挥着十分重要的作用。但是，板块移动的理论和学说也有不完善的地方。随着科技的进步以及研究的深入，这些问题才能得到彻底的解决。

地壳的运动和变化

随着人们对陆地以及大陆的认识，板块构造理论以及大陆的沉浮变化已经被越来越多的人接受。比如，我国科学考察团在喜马拉雅山区考察时，发现山中的岩石含有鱼、海螺、海藻等海洋生物的化石。这其实就是海陆之间博弈的结果。那么，是什么造成大陆的这种变化呢？其实，这和地壳的地质作用是分不开的。

地质作用是大自然的"设计师"。所谓地质作用，是指由自然力引起的地壳的物质组成、内部结构和地表形态发生变化的各种作用。一般来说，地质作用分为内力作用和外力作用。内力作用来源于地球内部，主要的表现形式就是岩浆活动、地壳运动和变质作用。外力作用主要来自于太阳能和重力能，表现形式体现在风化、侵蚀、搬运、沉积几种作用力。这两种力量相比较而言，内力作用对陆地形态的影响比较大。地球上较大的地质形态和地形变化大都来自于地球的内力作用。

　　由地球内部原因引起的组成地球物质的机械运动，又称之为地壳运动。固体地球坚硬的外层叫作地壳，地壳是由岩石组成的。地壳运动是由内力引起地壳结构改变、地壳内部物质变位的构造运动，它可以引起岩石圈的演变，促使大陆、洋底的增生和消亡，并形成海沟和山脉，同时还导致发生地震、火山爆发等。我国古代的学者朱熹在《朱子语类》中写道："尝见高山有螺蚌壳，或生石中，此石乃旧日之土，螺蚌即水中之物，下者变而为高，柔者却变而为刚。"

　　可见，地壳运动是塑造陆地形态的一支重要力量。但是，相对于地球的造山成陆运动，地壳的其他运动大都是缓慢进行的，人们难以凭感觉察觉出来。但是，地壳运动对地球的影响却是不容置疑的。一般来说，地壳运动按照运动的速度可以分为两类。

　　第一类，长期缓慢的构造运动。目前来说，人们经验中的地质运动大都是一些缓慢的构造运动。比如，大陆和海洋的形成，古大陆的分裂和漂移，形成山脉和盆地的造山运动，以及地球自转速率和地球扁率的长期变化等，它们经历的时间尺度以百万年计。同时，使地表岩层在有些地方发生弯曲隆起形成巨大的褶皱山系，有些地方则断裂张开形成裂谷或海洋，也是长期缓慢的构造运动。另外，比如冰期消失、地面冰块融化引起的地面升降，也是以百万年计的缓慢运动。有人预言，东非大裂谷上的湖泊可能在数百万年后被海洋取代，这种取代就是一种缓慢变化。

　　第二类，较快速的运动。这种运动以年或小时为计算单位，如地极的张德勒摆动，能引起地壳的微小变形；日、月引潮力不但造成海水涨落，也使地球的固体部分形成固体潮，一昼夜地面最大可有几十厘米的起伏；较大的地震可引起地球自由振荡，它既有径向的振动，也有切向的扭转振动。

　　同时，按照运动的方向地壳运动还可以分为水平运动和垂直运动。

　　水平运动，指组成地壳的岩层沿平行于地球表面方向的运动，包括挤压或张裂，也称造山运动或褶皱运动。该种运动常常可以形成巨大的褶皱山系，以及巨型凹陷、岛弧、海沟、裂谷、海洋等。

　　垂直运动，又称升降运动、造陆运动，它使岩层表现为隆起和相邻区的下降，可形成高原、断块山及凹陷、盆地和平原，还可引起海侵和海退，使海陆变迁。

　　总体来说，两种运动常常相伴而生；某地某时间内可以以某种运动为主，但是总体上以水平运动为主，垂直运动为辅。这两种运动控制着地球表面的海陆分布，影响各种地质作用的发生和发展，形成各种构造形态，改变岩层的原始状态，所以有人也把地壳运动称为构造运动。

　　可见，无论是哪种形式的运动，地壳运动的作用力都是不容小觑的。而且，地壳还是处在不断地运动之中的。那么，地壳运动是什么引起的呢？

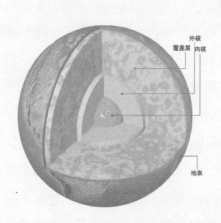

　　在现在的地质学划分上，地壳被分成六大板块。而板块运动的本质影响因素可以归结到各种因素对物体本身的控制。其中，从动力角度来看，地壳运动的动力基础就是"软流层"。

　　由于地球在太阳系所处的位置以及其内部本身热力的影响适中，因此地壳的组成物质是固态，固体的强分子间作用力导致其低塑性，而它的这种弱流动性是板块运动的本质因素。在地球的内部，地壳是直接"漂浮"在软流圈上的，软流圈在高温高压作用下，形成一种可以缓慢流动的类似液体的形态，但它的塑性优于普通的液体。因此，地壳的运动离不开软流层的作用。

万有引力的存在不但使地球围绕太阳公转，而且强大的日月引力对地壳下的岩浆同样有潮汐作用，加之地球的倾斜自转，地壳与地核之间不但存在有经度方向的差速运动，而且在纬度方向也存在着运动。这种地壳在地核上有经、纬度的差速运动，我们把它叫作"地壳弦动"。地壳弦动使板块产生应力，应力得不到及时的释放，积蓄起来进行总的释放就是大地震。

"地壳弦动"使地壳两极以渐开线形式的轨迹在地核上向对方运动，时时刻刻地改变着地球表面的曲率与线速度，使无感地震频繁发生。所以，"地壳弦动"是日、月引潮力的外因因素与地球内部高温及层圈结构的内因因素同时作用的结果。正是"地壳弦动"的存在，使两极点能弦动到赤道，而赤道的某两点也可以弦动到两极。而地壳高低纬度不同曲率不同，线速度也不同。一般来说，地球的线速度由表向里也越来越小。赤道的某两点弦动到两极，曲率改变，线速度也降低，从而形成塌陷、褶皱、折叠、熔融。两极弦动到赤道的地壳，也是因曲率改变、线速度加大而开裂、扩张，比如：东非大裂谷、马里亚纳海沟、大西洋中脊裂谷等。同时，"地壳弦动"使地球大陆板块漂移获得动力，导致频繁发生地震、海底扩张，使钻探的地壳岩芯有磁场逆转现象；并使得南极有煤，非洲大陆有冰川期，地球气候有寒、暖期的交替，沧海桑田更迭，有超高压变质岩的折返，油层、煤层形成，生物的进化与灭绝。

当然，对地壳的成因来说，不同类型的地壳运动，其成因也是不同的。下面，我们就重点介绍一下以地理坐标为参照物的地壳运动及其成因。

这种类型的地壳运动形成大规模的地壳抬升隆起和凹陷沉降，形成山脉、高原，形成平原、盆地，形成峻岭、沟谷。

具体来说，这种类型的地壳运动的动力来源主要有以下几个方面：

1. 水、风的剥蚀和搬运及沉积作用

这种地质作用不仅形成规模大小不等的地壳运动，而且所形成的沉积物与沉积岩是形成山脉、高原的物质基础。其中，水的剥蚀与搬运及沉积作用所形成的地壳运动，降低了地壳的相对高度，剥高填洼使地壳趋向平衡。风的剥蚀与搬运及沉积作用略有不同，风蚀发生在少雨干旱地区，不仅对高山高原进行剥蚀，而且对沟谷洼地也进行剥蚀。风的搬运作用，其搬运距离远近不等，近的只是离开剥蚀原地，远的可以达上千上万千米。而且，风蚀沉积面积大小不等，大的可达几百万平方千米。同时，风的沉积可以在陆地，可以在水域，可以在洼地与平原，可以在山脉与高原；既能形成准平原沉积，也能形成山脉沉积。另外，风蚀作用可形成碎屑岩，可形成沉积褶皱构造；而且，风的沉积可以和水的沉积同时或交替进行。

2. 地球自转时产生的由两极向赤道的离心力

在太阳和月球引力作用下，地球自西向东旋转时，在没有其他星球引力作用下，地壳各部分物质随地球自转做匀速圆周运动。在太阳、月球的引力作用下，由于地壳各部分组成物质的不同，产生沿纬向的差异运动，形成挤压和分离。

地壳在大区域或小面积上其组成物质是不均匀的。在大区域上，陆地有欧亚、非洲、南北美洲、南极洲等大区块，海洋有太平洋、印度洋、大西洋和北冰洋等几大区块。这些大区块在地势、物质组成、面积大小、几何形态、地理位置、质量、构造等方面都不一样。在大区块内有众多的小区块，地壳上这些大小区块，受太阳、月球的引力不同，在地球自转时，它们的运动速度快慢不一。由于地球自西向东旋转，地壳上这些大小块体形成自东向西的相对运动。

可见，地壳的运动和变化是多种多样的，而且它对地质构造和地表形态产生着重大的影响力。

地核的自转与地轴的变动

在地球的运行和演变的过程中，地球的内力作用产生了十分重要的影响。在地球的内力作用中，比较关键的力量就取决于地核和地轴的运转和变化。这两大方面的变化会对地球的形态产生重大影响，使得大陆形态产生重大变化。因此，地核的自转和地轴的倾斜是不容小觑的。

地核，是地球的核心部分，主要由铁、镍元素组成，半径为3480千米。地核又分为外核和内核两个部分。地核占地球总体积的16%，地幔占83%，而与人们关系看似最为密切的地壳占1%。从它们各占的比例中，我们不难发现，除了地幔之外，地核远远要比地壳占的量要多。而且，从根源上说，地壳所引起的地表形态变化也大都是由地核引发的。因此，地核是十分关键的部位。

众所周知，地球在围绕太阳公转的同时还在自转。殊不知，地球的核心也会自转。不仅如此，地核自转的方向与地球的自转方向是相反的，于是两者的接触面就会产生摩擦，摩擦会产生能量；而这种能量会输送到地球各处，地球上的生命就是凭借着这些能量，才得以生存下去。从某种意义上说，这种能量是一种生命能量，缺少了这种生命能量的话，地球上就不会有生命。可见，使地球上的生物具有活动力的生命能量，有一部分是来自地球中心，并非完全来自太阳。

而且，这种能量还是地球地貌形态的原始动力。美国地球物理学家玛文·亨顿在他的理论中提出，地球是一个天然的巨大核电站，人类则生活在厚厚的地壳上，而地球表面 4000 英里（1 英里=1.609344 千米）深的地方，一颗直径达 5 英里的由铀构成的球核正在不知疲倦地燃烧着、搅动着、反应着，并因此产生了地球磁场以及为火山和大陆板块运动提供能量的地热。也正是因为如此，地球的地质地貌出现了如此大的变化，给考古和地质研究带来了众多的研究课题。

除此之外，地球的自转和地核的自转两者是一种差速转动的关系。根据两者的速比，在理论上讲，经过一万年，地核将比赤道多转一度。然而，由于处于外地核上的液态物质凝结于其表面，使得地核自转增加得非常缓慢，而科学研究也证实地核自转速率比预期的要慢得多。因此，地核自转的角速度不是每一万年增加一度，而是每一百万年增加一度，由此可看出，地核对地表形态的重大影响力是缓慢而持久的。

另外，中国地质调查局地矿研究所研究员进行的一项地学科研也获得重大发现：13 亿年前，地球每年有 500 多天，3.6 亿年前，地球每年有 480 天，而现在每年只有 365 天，从而有力地证明了地球内核的旋转速度在减慢。

　　过去人们一直认为地球是以均衡的速度自转着，而且一年四季不变。但是，最近的测量结果告诉人们，地球的转速并不均匀，一年里面，8月和9月的自转速度最快，3月和4月的自转速度最慢，科学家反复实测的结果还表明，地球不但一年之内的自转速度是不均匀的，而且年与年之间的自转速度也有明显差异。从最近300年的记录来看，1870年最快，1903年最慢。地球自转的速度为何会发生这样的变化呢？较普遍的说法是由于地球上海水的涨退导致的。也有认为是地球两极冰块融化造成海水水位上升，改变了地球质量的分布，引起地球转动惯量的变化，使地球自转的速度变慢。但是，最为可信的说法还是由于地核自转速度的影响。因为，地壳与地核的相对位置是永恒不变的，地核运转速度的变化必然会使地球自转速度发生变化。

　　当然，地核内部的情况是实验室里难以模拟的。但是，有一点科学家是深信不疑的：地球内部是一个极不平静的世界，地球内部各种物质始终处于不停息的运动之中。有的科学家认为，地球内部各层次的物质不仅有水平方向的局部流动，而且还有上下之间的对流运动，只不过这种对流的速度很小，每年仅移动1厘米左右。所以，虽然地核位于5200千米深的地下，但是其依然能对地表产生影响。特别是随着地核中的内核向外扩张，凝固过程中释放的热量又促进了外核中液态物质的对流。这种对流就产生了地球的磁场。如果没有地球磁场，太阳辐射将长驱直入，生命也就不可能存在了。

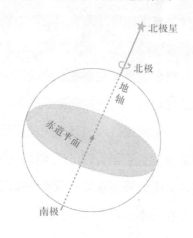

另外，有的科学家还推测，地核内部的物质可能受到太阳和月亮的引力而发生有节奏的震动。而且，有科学家提出，正是地核的自转导致了大陆漂移，形成了人们目前所认知的大陆和大洋。

除了地核的转动对地球地貌的重大影响外，地轴的倾斜以及地轴方向的变动也会产生不可估量的影响。

地轴一词，是1945年由中国地质学家黄汲清提出的。所谓地轴，就是地球斜轴，也称之为地球自转轴，是指地球自转所绕的轴，北段与地表的交点是北极，南段与地表的交点是南极。地轴通过地心，连接南北两极，和地球自转轨道面——赤道面垂直。地轴的北端始终指向北极星附近。但是，地轴在地球中的位置也并不是固定不变的，而是有微小的移动，从而造成"极移"。这种现象在天文中称为极摆现象。

所谓极移，是指地球瞬时自转轴在地球本体内的运动。1765年，欧拉在假定地球是刚体的前提下，最先从力学上预言极移的存在。一直到1888年德国的屈斯特纳才从纬度变化的观测中发现极移。1891年，美国天文学家张德勒进一步指出，极移包括两个主要的周期成分：一个是近于14个月的周期，另一个是周年周期。前者叫作张德勒周期，这种极移成分是非刚体地球的自由摆动。极移的周年成分主要是由大气作用引起的受迫摆动。

极移这种天文现象造成的后果是非常严重的。产生极移时，会暂时造成地球与太阳之间的磁场失效。在此短暂相遇到达高峰时，地球外壳上磁场强的地区和地球的内核将排列成一条线。这会永久地改变地球磁极的位置，引起大西洋迅速扩张，太平洋构造带压缩，永远改变地球面貌。尽管极移实际发生的时间很短，但是造成的破坏是不容小觑的。

极移本身会引起大西洋洋脊延伸扩展，太平洋区域收缩。在几千年的时间里，这种板块运动的过程一直在自然地进行着，但速度非常慢。但是极移的影响却是快速的。太平洋的收缩引起太平洋板块向其他板块挤推，会造成剧烈的地震和快速的造山运动，从而改变地球的面貌。

人们都知道，地球并不是一个完美的球体，大陆和海洋在地球上的分布也并不均匀。在北半球，陆地要多一些，而在南半球，海洋要多一些。这种不对称性所带来的结果是，地球在自转过程中会缓慢地摇摆。地轴就是地球质量平衡的轴，自转轴会围绕着地轴摇摆。

事实上，地轴的改变也并非头一次。"冰河时代"反弹也会造成地轴每年移动 10 厘米的距离。在大约 1.1 万年前最后一个大冰河时期之后，许多厚厚的大冰原开始消失。这就减轻了地壳之上的压力，使得地球得以"反弹"回到一个更圆的球形。这个"反弹"过程仍在继续，因此地轴还在发生着自然的移动。

在地轴发生自然移动的同时，剧烈的大地震也造成了地轴一定的位移。不过，到目前为止，这种理论仅仅局限于模拟计算和推测，还缺乏进一步的实证。

但是，有一点是可以肯定的，那就是虽然地轴的位置会发生移动，但是它与黄道面的夹角是不变的。同时，地轴只是地球自转的假想轴。地球始终不停地绕着这个假想轴运转，所以又称地球自转轴。这个轴通过地心，连接南、北两极，与地球轨道面的夹角为 66°34′。而且，地轴正对着北极星。

总之，地核和自转以及地轴的变动对地球地貌的影响都是极其重要的。

海底火山的巨大推手

"面朝大海，春暖花开。"海洋总是能够引发人们的遐想，再加上海洋那看不到边际的蔚蓝，总是能够成为人们心中"神秘"和"向往"的代名词。然而，对大多数人来讲，海洋给予的更多是感官上的感受，对海洋的了解却是少之又少。

人们常说，海洋是生命的摇篮，是人类起源的地方，在人类成长和发展的过程中扮演着十分重要的角色。确实如此，地球上最初的生命就是从海洋中孕育的。而且，海洋与陆地的关系也是息息相关的。其中，海底火山就是两者之间亲密的联结者。

对于海洋来说，海底火山是一个不安分的"家伙"。在海洋发展演化的过程中，海底火山对于陆地地貌的形成产生了重要影响，尤其是造山成陆运动。目前，大洋中散落的一些岛屿很多就是海底火山的杰作。比如，苏尔特塞岛的形成就是这样。

1963 年 11 月 15 日，在北大西洋冰岛以南 32 千米处，海面下 130 米的海底火山突然爆发，喷出的火山灰和水汽柱高达数百米，在喷发高潮时，火山灰烟尘被冲到几千米的高空。经过一天一夜，到 11 月 16 日，人们突然发现从海里长出一个小岛。人们目测了小岛的大小，高约 40 米，长约 550 米。海面的波浪不能容忍新出现的小岛，拍打着浪花冲走了许多堆积在小岛附近的火山灰和多孔的泡沫石，人们担心年轻的小岛会被海浪吞掉。但火山在不停地喷发，熔岩如注般地涌出，小岛不但没有消失，反而在不断地扩大长高。经过一年的时间，到 1964 年 11 月底，新生的火山岛已经长到海拔 170 米高、1700 米长了，这就是苏尔特塞岛。

两年之后，1966 年 8 月 19 日，这座火山再度喷发，水汽柱、熔岩沿火山口冲出，高达数百米，喷发断断续续，直到 1967 年 5 月 5 日才告一段落。这期间，小岛也趁机发育成长，快时每昼夜竟增加面积 0.4 公顷，火山每小时喷出熔岩约 18 万吨。

无独有偶，新疆天池的形成其实也是海底火山的作用。众所周知，天池湖水清澈，晶莹如天。而且，天池湖面呈半月形，长 3400 米，最宽处约 1500 米，面积 4.9 平方千米，湖深达 105 米。天池东南面是雄伟的博格达主峰，海拔 5440 米，终年积雪。但是，殊不知早在 2.8 亿年前的古生代，这里曾是汪洋大海。后来，由于地壳的频繁活动、海底火山不断喷发和造山运动，海底崛起为陆地，形成博格达山的原始轮廓。中生代以后的造山运动，使博格达山再次隆起。新生代时期，山地断块大幅度上升，形成今天的博格达山脉，湖水退到当今的山前盆地。

近 200 万年以来，古气候的冷暖变化，多次冰期和间冰期的交替，使博格达山地在缓慢上升的同时，还处于强烈创蚀、侵蚀切割阶段，形成当今沟壑纵横、群峰林立的山岳地貌。大量的物质被流水搬到山前，堆积成扇形地和广阔的平原。天池，即是形成并发育在三江河流域第四纪时期古冰川最新一次作用所形成的槽谷内，以后又经历新构造运动，这就形成了今日天池的面貌。

可见，海底火山对地貌地形的构造是非常剧烈的，尤其是在造山成陆的过程中，更是扮演着至关重要的角色。那么，海底火山到底是怎么一回事呢？下面，我们就一起走进海底，了解一下海底火山的面貌以及对造山成陆的影响。

海底火山，是指大洋底部形成的火山。一般来说，海底火山喷发的熔岩表层在海底就被海水急速冷却，有如挤牙膏状，但内部仍是高热状态。绝大部分海底火山位于构造板块运动的附近区域，被称为大洋中脊。尽管多数海底火山位于深海，但是也有一些位于浅水区域，在喷发时会向空中喷出物质。而且，在海底火山附近的热气喷发口，具有丰富的生物活性。比如，人们常认为海底火山附近温度较高，但在火山口附近仍有厌氧耐热菌的存在。

从海底火山的类型来看，海底火山大致可以分为三种。

1. 洋脊火山

大洋中脊，是玄武岩新洋壳生长的地方。一般来说，海底火山与火山岛顺中脊走向成串出现。据研究，全球约80%的海底火山岩产自大洋中脊，中央裂谷内遍布在海水内迅速冷凝而成的枕状熔岩。中脊处的大洋玄武岩是标准的拉斑玄武岩，这种拉斑玄武岩是岩浆沿中脊裂隙上升喷发而生成的产物，它组成了广大的洋底岩石的主体。

2. 边缘火山

边缘火山沿大洋边缘的板块俯冲边界，展布着弧状的火山链。它是岛弧的主要组成单元，与深海沟、地震带及重力异常带相伴生。岛弧火山链中，有些是水下活火山。这类火山主要喷发安山岩类物质，安山岩的分布与岛弧紧密相关。由于安山质岩浆比玄武岩浆黏性大，且富含水，巨大的蒸汽压力一旦突然释放，便形成爆发式火山，易酿成巨大灾难。因安山岩黏性大，熔岩可堆砌成陡峭的山峰，突出水面，但逸出的气体又常使它生成火山灰和浮石。

3. 洋盆火山

洋盆火山散布于深洋洋底，包括平顶海山和孤立的大洋岛，是属于大洋板块内部的火山。洋盆火山起初只是沿洋底裂隙溢出的熔岩流，以后逐渐上涨增高，大部分的海底火山在到达海面之前便不再活动，停止生长。其中高出洋底 1000 米以上者，称之为海山；不足 1000 米者，称之为海丘。少数火山可以从深水中升至海面，这时波浪等剥蚀作用会不断抵消它的生长。一旦火山锥渐次加宽并升出于海面之上，便能形成火山岛，几个邻近的火山岛可连接成较大的岛屿，如夏威夷岛。洋盆火山的活动一般不超过几百万年，露出海面的火山停止活动，会被剥蚀作用削为平顶。各大洋，特别是太平洋中，发现许多平顶的水下死火山。尽管它们的顶部可能冠有珊瑚礁，但其主体皆是火山锥。海山或大洋岛屿的火山岩以碱性玄武岩较常见，极少数岛屿有硅质更高的熔岩，如冰岛及其附近有大量粗面岩和钠质流纹岩。碱性玄武岩组成的洋盆火山可能与地幔柱的活动有关。

可见，海底火山对海底构造以及造山成陆的影响是十分显著的。

除此之外，从火山的分布上来看，全世界的活火山有 500 多座，其中在海底的近 70 座，约占全世界活火山数量的 1/8。

海底火山的分布相当广泛，大洋底散布的许多圆锥山都是它们的杰作，火山喷发后留下的山体都是圆锥形状。这些火山中有的已经衰老死亡，有的正处在年轻活跃时期，有的则在休眠，不知什么时候苏醒又

"东山再起"。现有的活火山，除少量零散在大洋盆外，绝大部分在岛弧、中央海岭的断裂带上，呈带状分布，统称海底火山带。太平洋周围的地震火山，释放的能量约占全球的 80%。海底火山，不管是"死的"还是"活的"，统称为海山。海山的个头有大有小，一二千米高的小海山最多，超过 5000 米高的海山就会少一些，露出海面的海山（海岛）更是屈指可数了。

美国的夏威夷岛就是海底火山喷发后形成的。它拥有面积 1 万多平方千米，上有居民 10 万余众，气候湿润，森林茂密，土地肥沃，盛产甘蔗与咖啡，山清水秀，有良港与机场，是旅游的胜地。夏威夷岛上至今还留有 5 个盾状火山，其中冒纳罗亚火山海拔 4170 米，它的大喷火口直径达 5000 米，常有红色熔岩流出。1950 年曾经大规模地喷发过，是世界上著名的活火山。

总之，海底火山对地形地貌尤其是陆地的形成和发展是至关重要的。甚至可以说，正是在海底火山的作用下，陆地才会得到一步步的发展和演化，从而逐渐地演变成人们目前所认知的模样。

海洋和陆地的变迁

地球由海洋和陆地组成，关于二者所占的比例关系，人们常说三分是陆地，七分是海洋。确实如此，陆地占据了 29%，海洋占据了

71%。可见，在海洋与陆地的博弈中，海洋占据了上风。那么，是不是海洋和陆地的比例关系从始而终都是固定不变的呢？很显然，事实不是这样的。

不管是海洋还是陆地，都是在发生变化的。根据魏格纳的"泛大洋"和"泛大陆"理论，我们能够发现，海洋和大陆也是在此消彼长的过程中不断演化和发展的。地球形成之初，只有一整块的大洋包围着一整块的大陆，但是后来在各种力量的作用下，泛大陆逐渐分裂漂移，泛大洋也被分割成众多的部分。而且，随着地质的演变，一些大陆被海水淹没，而一些海洋中也出现了众多的岛屿。就这样起起伏伏，最终形成了目前人们认知的七大洲、四大洋以及各个零散分布于大洋之中的群岛。

这个过程如果要用一个成语来描述的话，恐怕没有比"沧海桑田"更为贴切的了。沧海桑田，又简称为沧桑，出自《神仙传·麻姑》。传说古代有个叫麻姑的仙女，曾经三次看到东海变成桑田。后来，人们就以沧海桑田来描述这种海陆的变迁。也就是说，在一定的条件下，海洋会变成陆地，即沧海变桑田。同时，另一方面陆地也能够变成海洋，即桑田变沧海。

对于海洋变为陆地的例子，最具有代表性的事例就是科学家在喜马拉雅山区的珠穆朗玛峰上发现了海洋生物化石。加上对喜马拉雅山区地质构造的进一步研究和探索，科学家推测这片区域很久以前应该是一片汪洋，由于地质作用变成了如今的山区。还有神户人工港口的出现也是属于这一范畴，原本这是一片汪洋大海，而现在却崛起了一个面积极大的海上人工港。北宋沈括的《梦溪笔谈》也有类似的记载：在太行山发现许多海螺、海蚌等海洋生物化石。这些实例都能作为海洋变为陆地的见证。

关于陆地变成海洋也不乏其例。经过人们对海底世界的一步步深入研究，人们发现在海底深处就可能有被淹没的大陆。虽然，这些沉没于海底的大陆有待进一步的考证，但是不少证据显示了海底世界的大陆痕迹。

同时，1979年科学出版社出版的美国学者谢帕德所著的《海底地质学》一书中，关于大西洋洋底，作者有这样的话："……不过往往发现基底岩石是岩床而不是熔岩流，并可能有着很厚的下伏沉积岩。"另外，在大西洋、印度洋、太平洋海底钻探时均钻探出过中生代时期的煤，说明该地区在中生代时期为陆地。

另外，我国东部沿海的海底，发现了古河道、水井等人类活动遗迹。这是陆地变为海洋的证据，是海陆变迁的结果。而且，科学考察队在冰雪覆盖的南极洲发现有储量丰富的煤田。而南极地区冰雪覆盖，终年严寒，几乎不可能有植物生长，是不具备形成煤炭的条件的。

可见，海洋和陆地之间没有绝对的界限，海洋和陆地之间是会发生变化和循环的。也就是说，我们眼前的陆地亿万年前并不一定是陆地，我们眼前的海洋在亿万年前也并不一定是海洋。那么，海洋和陆地之间为什么会有怎样的变化呢？是什么原因导致的呢？

1. 地壳的变动

海洋和陆地的变迁是一种巨大的地质地貌变化，而产生这一重大变化无疑也和地壳的变动有莫大的关联。具体来说，是因为地壳的运动，导致板块与板块之间产生挤压、碰

南海的雏形

撞，从而使某些地方被抬高，某些地方出现下沉。其中，被抬高的地方表现出来就是海洋变成了陆地甚至是山峰，最为明显的例子就是西藏高原。喜马拉雅山地区会发现海洋生物化石也是由于地壳变动，板块撞击隆起而造成的。同时，出现下沉的地方表现出来的就是陆地变成了海洋。

可见，地壳变动所带来的地貌变动是非常明显的。但是，要实现海陆的变迁是一个比较缓慢的过程，一般来说人们是不易察觉的。对于这种力量的作用，人们只是通过研究、考古和发现来论证和解释。

2. 海平面的升降

在海洋和陆地的变迁过程中，海平面的升降也是十分重要的方面。当海平面上升的时候，一些海拔较低的陆地就会被淹没，而当海平面下降的时候，这些海拔较低的陆地或是岛屿就会重新露出地表，成为陆地。我国东部沿海的海底出现古河流、古井很可能就是海平面的升降引发的海陆变迁的结果。

以上两点是造成海陆变迁的最主要原因。但这两种原因都是比较缓慢的，人们很难感受得到。然而除此之外，还有一种作用力会造成海陆的变迁。这种作用引起的海陆规模相对小得多，但是人们可以明显地感受到。它就是人类活动。

人类活动对海陆变迁的影响也是不容小觑的。虽然人类活动造成的海陆变迁规模要小得多但是它的速度却要快得多。其中，最具代表性的就是"围海造田"和"退田还海"。

"围海造田"是把海洋变成陆地的过程，也就是原有的海域、湖区或河岸转变为陆地。对于山多平地少的沿海城市，填海造地是一个为发展制造平地的有效的方法。不少的沿海大城市，比如香港、澳门、天津，均采用该法制造平地。而且，在人类发展的初期，由于受到陆地资源的局限，加之对海洋经济环境观念的不成熟，致使一些海洋国家采取"围海造田"的做法。其中，比较有代表性的有中国、荷兰和日本。

1. 中国的围海造田

中国陆地面积辽阔，但是在发展初期一些沿海地区也时有"围海造田"的举动。比如，中国从 20 世纪五六十年代开始围填海活动，到 20 世纪末，沿海地区围填海造地面积达 1.2 万平方千米，平均每年围填海 230~240 平方千米。正是考虑到保护海洋环境，2002 年，《海域使用管理法》实施后，国家每年对围填海规模都控制在 100 多平方千米左右。

除此之外，一些特别行政区由于特殊的地理位置也出现"围海造田"的情况。香港山多平地少，1842 年香港首次将兴建皇后大道的沙石推进大海，以后香港便不断填海造地，一百多年来，填海面积已达 67 平方千米，占香港总面积超过 6%。台湾台塑集团的麦寮六轻也是填海造陆的巨大工程，开发造地的面积约 22.55 平方千米。

澳门也是如此。葡澳政府亦在 1863 年进行第一次填海工程。截至 2011 年时，澳门半岛的面积在填海工程下已超过 9.3 平方千米，比 1840 年的 2.78 平方千米增大了 3 倍以上。澳门总面积因沿岸填海而不断扩大，自有记录的 1912 年的 11.6 平方千米逐步扩展至 2011 年的 29.9 平方千米。

另外，台湾地区在日治时期，在今高雄市哈玛星一带填海造地，设立"打狗停车场"（今高雄港车站）作为纵贯铁道终点，后来发展成为高雄政经中心。而近年台湾的填海造地，台湾最早的海埔新生地位于新竹市的新竹海埔新生。1957 年 5 月着手开发；1960 年 3 月完成，实验区共 0.88 公顷。最具代表性的是云林县麦寮乡的六轻，开发造地的面积约 22.55 公顷。

2. 荷兰的围海造田

荷兰位于欧洲西偏北部，日耳曼语中叫"尼德兰"，意思是"低洼之国"，因为它的国土有近 40%低于或者几乎水平于海平面。因此，荷兰的围海造田工程享有盛誉。其实，最早的荷兰只是若干个小渔村，后来经过一步步的发展和开拓才形成了现在的局面。荷兰自 13 世纪以来就开始了大规模的围海、填海，如今荷兰国土中有近 20%是人工填海造出来的，丘陵都被挖去填海去了，而且还要从其他国家费巨资进口石头。其中，弗莱福兰省几乎是被填出来的。

同时，荷兰靠近北海，地势低洼，沼泽湖泊众多。由于地势低洼，荷兰常常受到海潮的侵蚀。于是，人们建筑围堤，与海争地，发明了世界上第一座为人类提供动力的抽水风车，并很快得到了普及。欧洲流传一句话："上帝创造了人类，荷兰风车创造了陆地。"如果没有这些高高耸立的抽水风车，荷兰人就无法从大海中争得近乎领土面积 1/3 土地。

其中，最令人瞩目的是荷兰的拦海大坝。荷兰拦海大坝是著名的人造国土工程。拦河大坝坝基宽 220 米，高 10 余米，全长 32.5 千米，坝顶为高速公路，并留有铁路路基。

3. 日本的填海工程

日本的填海计划很早，早在 11 世纪，日本就有填海造地的历史记录。当时一个名叫平清盛的将军就在神户填海建了一个人工码头。到了 17 世纪，幕府将军又在东京湾进行了大规模的填海造地。

"二战"后，日本大规模的填海造陆更为普遍。1945 年至 1975 年，日本政府造地 1180 平方千米。

　　实际上日本的填海造陆只有 1600 多平方千米，主要包括神户人工岛以及大阪国际航空港。日本是个群岛国家，国土狭小，人口稠密。第二次世界大战后 50 多年间，日本围海造陆达 200 平方千米，相当于 2.6 个香港岛的面积。20 世纪 70 年代，日本将围垦的重点转移到海岸以外的人工岛。东京人口 1200 多万，面积只有 2145 平方千米。为了寻找新的生活空间，东京将在 15 年时间内用城市垃圾填出 18 个人工小岛。

　　日本目前已建成的最著名的人工岛是神户人工岛。日本神户人工岛是世界上第一座海上城市，享有"21 世纪的海水城市"之称。该岛位于神户市以南约 3000 米，水深 12 米，面积达 436 万平方米。历时 15 年完工，耗资达 55 亿日元。与神户市由一座大桥相连。岛中部是住宅区，南侧建有防波堤，其他三面是现代化的集装箱装卸载码头。除此之外，日本还在海中心建造了日本关西国际机场。

　　但是，随着经济的发展和人们对海洋资源的重视和保护，目前很多的围海造田工程都已经被叫停。与之相对应的是"退田还海"，实施与自然和谐的海洋工程计划，尽量保留海域。这其实也是陆地重新变回海洋的方式。

令人不寒而栗的"温室效应"

近百年来，全球正在逐渐变暖。与此同时，大气中的温室气体的含量也在急剧增加。这一切将会产生一连串的温室效应，当温室效应不断积累加剧，会导致地气系统吸收与发射的能量不平衡；能量不断在地气系统中累积，从而导致温度上升，造成全球气候变化，最终对陆地地形地貌产生重大的影响。

温室效应使得全球变暖，其危害性是不容小觑的。全球变暖会使全球降水量重新分配，冰川和冻土消融。而这一变化会带来一连串的恶性后果，既危害自然生态系统的平衡，更威胁人类的生存。具体来说，温室效应导致的全球变暖会带来如下几种危害：

1. 地球上的病虫害增加

美国科学家曾经发出警告，由于全球气温上升令北极冰层融化，被冰封十几万年的史前致命病毒可能会重见天日，导致全球陷入疫症恐慌，人类生命受到严重威胁。同时，全球变暖会影响和破坏生物链、食物链，带来严重的自然恶果，继而对地形地貌造成影响。比如，有一种候鸟，每年从澳大利亚飞到中国东北过夏天，但由于全球气候变暖使得中国东北气温升高，夏天延长，这种候鸟离开东北的时间相应延迟，再次回到东北的时间也相应延后。这样就导致了这种候鸟所吃的一种害虫泛滥成灾，毁坏大片森林。

2. 气候反常，海洋风暴增多

全球气候变暖，海洋生物异常活跃。海洋风暴也会在洋流的影响下越来越多，对沿海城市和岛屿的危害也就越来越大，使得海拔较低的岛屿和沿海城市遭遇极大的威胁。

3. 土地干旱，沙漠化面积增大

全球气候变暖，会使大气湿度降低，土地干旱，继而沙漠化面积增大，使得人们可以利用的土地面积锐减。同时，随着全球变暖，有关环境的极端事件会增多。

4. 导致海洋"死亡区"扩大

受全球变暖的影响，海洋低氧区面积正在逐渐扩大，已经危及许多海洋生物的生存，使得海洋生物的生存遭遇威胁和挑战。海洋低氧区或缺氧区又被称为海洋"死亡区"，因为生物难以在低氧或缺氧状态下存活。此前的一些研究发现，化肥、粪便和污水等排泄入海，为一些藻类提供了充足的养料，会刺激海藻疯狂生长。这与空气污染因素一起导致海洋中的氧被大量消耗，使海洋中形成低氧区甚至缺氧区。

德国和美国科学家进行的新研究发现，全球变暖会为海洋低氧区的形成"推波助澜"。科学家在《科学》杂志上称，过去50年中，全球变暖已使中、东赤道大西洋和赤道太平洋的低氧区不断扩大。此外，墨西哥湾和其他一些海域最近几年也出现了低氧区。

除此之外，温室效应导致的全球变暖最大的危害就是海平面上升了。

根据研究和推算，如果地球表面温度的升高按现在的速度继续发展，到 2050 年全球温度将上升 2℃~4℃，南北极地冰山将大幅度融化，导致海平面大大上升，一些海拔较低的岛屿国家和沿海城市将会被淹于水中，成为一片汪洋。当然，问题的关键不是冰山在融化，而是随着温室效应的加剧，冰川融化的速度有多快。

国际冰雪委员会（ICSI）的一份研究报告指出："喜马拉雅地区冰川后退的速度比世界其他任何地区都要快。如果目前的融化速度继续下去，这些冰川在 2035 年之前消失的可能性非常之大。"国际冰雪委员会负责人塞义德·哈斯内恩说："即使冰川融水在 60 至 100 年的时间里干涸，这一生态灾难的影响范围之广也将是令人震惊的。"

据调查，海平面上升将导致南太平洋的美丽岛国图瓦卢很可能成为首个"沉没"的国家。而且，图瓦卢气象局推算，50 年之后，海平面将上升 37.6 厘米，这意味着图瓦卢至少将有 60%的国土彻底沉入海中。这对图瓦卢意味着灭亡，因为涨潮时图瓦卢将不会有任何一块土地能露在海面上。

同时，由于气温的上升，坐落于印度洋上的"世外桃源"马尔代夫消亡时间也"屈指可数"。2009 年 10 月 17 日，马尔代夫内阁召开世界首次"水下内阁会议"，凸显全球变暖对这个国家的威胁。

基里巴斯是地球上最早迎接日出的地方，也是世界上唯一一个横跨南北两半球和东西两半球的国家。然而，随着全球气候变暖和海平面上升，这个地方也难逃消失的厄运。2010 年 4 月 30 日，基里巴斯已有两座岛屿被海水吞噬，最高的地方仅高出海平面 1.8 米。

坦桑尼亚位于非洲大陆的东部、东临印度洋，那里的人民也将成为地球村里最早一批承受气候变暖恶果的"村民"。该国环境部长称："气候变化所带来的影响越来越明显,乞力马扎罗山 80%的冰川在过去的 50 年内消失掉了。"

拉丁美洲国家巴巴多斯位于东加勒比海,强飓风、珊瑚白化、岸滩侵蚀、水资源紧张……全球变暖也给这个岛国带来了极大的困扰。

全球变暖对位于三角洲地区地势较低的孟加拉国也造成了严重负面影响,从而使该国成为世界上最严重的受害者之一。据孟加拉外长估计,到 2050 年,将会有 2000 万孟加拉人迫于气候变化的影响选择背井离乡。

越南自然资源和环境副部长谈到他的国家时说:"洪水、台风、干旱等灾害越来越频发,越来越严重。从这个角度来看,气候变暖也严重影响到了越南。"不丹也面临着类似的威胁。其环境委员会主席说:"特别是对于像不丹这样的山地国家来说,全球变暖,河湖决堤很可能随时引起洪水暴发。"

从这些全球变暖最大的受害国中,我们不难发现,温室效应产生的全球变暖的危害性是不容小觑的。全球变暖,海平面上升,使得陆地沦为海洋,人类的生存空间越来越小。这无疑是一场灭顶之灾。

那么,什么是温室效应呢?温室效应又是由什么引起的呢?

温室效应又称"花房效应",是大气保温效应的俗称。大气能够使太阳短波辐射到达地面,但地表受热后向外放出的大量长波热辐射线却被大气吸收,这样就使地表与低层大气温度增高,因其作用类似于栽培农作物的温室,所以又称之为温室效应。

第一个提出温室效应的是法国学者 Jean–Baptiste Joseph Fourier (1768~1830),他是于 1824 年提出的。在造成温室效应的过程中,大气层发挥了十分重要的作用。大气层就如同覆盖玻璃的温室一样,保存了一定的热量，使得地球不至于像没有大气层的月球一样，被太阳照射时温度急剧升高，不受太阳照射时温度急剧降低。因此，一些理论认为，由于温室气体的增加，使地球整体所保留的热能增加，导致了全球变暖。

同时，地球周期性公转轨迹的变动也会导致全球变暖。据科学家研究，当地球周期性公转轨迹由椭圆变为圆形轨迹，距离太阳较近时全球就会变暖。而且，据研究，地球就曾出现过高温和低温的交替，是有一定的规律性的。

当然，这只是客观因素，是全球变暖的自然因素。但是，造成全球变暖形势恶化的罪魁祸首还是人类活动。具体来说，主要有以下几个方面的体现。

1. 人口的快速增长

近年来人口的剧增是导致全球变暖的主要因素之一。同时，这也严重地威胁着自然生态环境间的平衡。众多的人口，每年仅自身排放的二氧化碳就将是一个惊人的数字，其结果就将直接导致大气中二氧化碳的含量不断地增加，这样形成的二氧化碳"温室效应"将直接影响着地球表面气候变化。

2. 大气环境污染严重

目前，环境污染的日趋严重已构成全球性的重大问题，同时也是导致全球变暖的主要因素之一。现在，关于全球气候变化的研究已经明确指出了自20世纪末起地球表面的温度就已经开始上升。

特别是自工业革命以来，人类向大气中排入的二氧化碳等吸热性强的温室气体逐年增加，大气的温室效应也随之增强，已引起全球气候变暖等一系列严重问题，引起了全世界各国的关注。

目前，人类活动使大气中温室气体含量增加，由于燃烧化石燃料，产生水蒸气、二氧化碳、甲烷及氟氯碳化物等气体，经红外线辐射吸收，导致全球表面温度升高，加剧了温室效应，造成全球暖化。

3. 海洋生态环境恶化

目前，海平面的变化是呈不断地上升趋势，根据有关专家的预测到21世纪中叶，海平面可能升高50厘米。如不采取应对措施，将直接导致淡水资源的破坏和污染等不良后果。另外，陆地活动场所产生的大量有毒性化学废料和固体废物等不断地排入海洋；发生在海水中的重大泄（漏）油事件等以及由人类活动而引发的沿海地区生态环境的破坏等都是导致海水生态环境遭破坏的主要因素。

4. 土地遭侵蚀、沙化等破坏因素

造成土壤侵蚀和沙漠化的主要原因是不适当的农业生产。众所周知，良好的植被能防止水土流失。但到目前为止，人类活动如为获取木材而过度砍伐森林、开垦土地用于农业生产以及过度放牧等原因，仍在对植被进行着严重的破坏。目前全世界平均每分钟有20公顷森林被破坏，10公顷土地沙化，4.7万吨土壤被侵蚀。土壤侵蚀使土壤肥力和保水性下降，从而降低土壤的生物生产力及其保持生产力的能力，并可能造成大范围洪涝灾害和沙尘暴，给社会造成重大经济损失，并恶化生态环境。

5. 森林资源锐减

在世界范围内，由于人为的因素而造成森林面积正在大幅度地锐减。

可见，人类的不合理、不科学的活动使得全球变暖的趋势日益加重，不断恶化。那么，面对如此严峻的全球变暖形势，我们不免担心，随着全球变暖的不断加剧，海洋真的会把大陆"吞噬"掉吗？大陆真的会消失吗？

　　其实，如果温室效应严重，全球气候变暖持续恶化，北极冰川融化，陆地很有可能会沉没，但不会是全部，一些地势海拔较高的会稍微好一些。不过，在全球气候变暖的背景下，加上剧烈的地质运动，陆地的境况就比较危险了。因此，面对日益危害的温室效应，人们必须加快治理和整改，避免悲剧发生。

格陵兰岛曾经是海底大陆

　　格陵兰，从字面的意思上看是"绿色的土地"。格陵兰岛是世界上最大的岛，面积 216.6 万平方千米，在北美洲东北，北冰洋和大西洋之间。从北部的皮里地到南端的法韦尔角相距 2574 千米，最宽处约有 1290 千米。海岸线全长 3.5 万多千米。而且，格陵兰岛全岛有 4/5 的地区在北极圈内，全年气温在零度以下，可谓是千里冰封、银装素裹。然而，就是这样一个冰冷的世界，却有科学家称它曾经是海底大陆。那么，格陵兰岛到底是怎么回事呢？格陵兰岛是如何形成的呢？下面，我们就来一起认识和了解一下这个神秘的岛屿。

　　关于格陵兰岛名字的来历还有这样一个故事。相传古代，大约是公元 982 年，有一个挪威海盗，他一个人划着小船，从冰岛出发，打算远渡重洋。朋友都认为他胆子太大了，都为他的安全捏了一把汗。后来他在格陵兰岛的南部发现了一块不到一千米的水草地，绿油油的，十分喜爱。回到家乡以后，他就骄傲地对朋友们说："我不但平安地回来了，我还发现了一块绿色的大陆！"于是格陵兰（Greenland）变成为了它永久的称呼。当然，这只是一个传说。其实，据记录，最早格陵兰岛是由爱斯基摩人发现的。

从面积上看，格陵兰岛是地球上最大的岛屿，比西欧加上中欧的面积总和还要大一些，因此也有人称之为格陵兰次大陆。但是，格陵兰岛也是大部分面积被冰雪覆盖的岛屿。格陵兰岛的大陆冰川（或称冰盖）的面积达181.3万平方千米，其冰层平均厚度达到2300米，与南极大陆冰盖的平均厚度相差无几。而且，格陵兰岛所含有的冰雪总量为300万立方千米，占全球淡水总量的5.4%。如果格陵兰岛的冰雪全部消融，全球海平面将上升7.5米。

同时，格陵兰岛也是一个极寒之地。这里气候严寒，冰雪茫茫，中部地区的最冷月平均温度为零下47摄氏度，绝对最低温度甚至达到了零下70摄氏度。

另外，格陵兰岛无冰地区的面积为3.4万平方千米，但其中北海岸

和东海岸的大部分地区，几乎是人迹罕至的严寒荒原。有人居住的区域约为15万平方千米，主要分布在西海岸南部地区。该岛南北纵深辽阔，地区间气候存在重大差异，位于北极圈内的格陵兰岛有极地特有的极昼和极

夜现象。

　　总体来看，格陵兰岛是一个由高耸的山脉、壮丽的峡湾和贫瘠裸露的岩石组成的地区。从空中看，它像一片辽阔空旷的荒野，参差不齐的黑色山峰偶尔穿透白色炫目并无限延伸的冰原。从地面看去，格陵兰岛是一个差异很大的岛屿：夏天，海岸附近的草甸盛开紫色的虎耳草和黄色的罂粟花，还有灌木状的山地桦和桦树。但是，格陵兰岛中部仍然被封闭在巨大冰盖上，在几百千米内既不能找到一块草地，也找不到一朵小花。

　　所以，格陵兰岛是一个存在巨大地理差异的岛屿。东部海岸多年来堵满了难以逾越的冰块，自然条件极为恶劣，交通也很困难，所以人迹罕至。然而，这却使得这一辽阔的区域成为北极的一些濒危植物、鸟类和兽类的天然避难所。可见，格陵兰岛具有复杂的两面性，但也正是这种两面性使得格陵兰岛成为一处神秘之地。

　　那么，这个神秘而冰冷的格陵兰岛是如何形成的呢？

　　一般来说，格陵兰岛是由地壳的板块运动造成的。在地球形成的几亿年中，美洲板块与亚欧板块互相碰撞挤压分裂形成了格陵兰岛。但是，近些年来，科学家发现格陵兰岛的成因并非人们想象的那么简单。它可能是地壳板块运动的结果，但是形成的过程却是相当漫长和复杂的。因为，科学家们在格陵兰岛的研究中发现了一些远古的岩石化石，这些远古的岩石化石隐藏在格陵兰岛的地下，它们的排列就像是一个整齐的堤坝。

　　而且，根据国外科学家的研究，格陵兰岛很可能形成于 38 亿年前，其前身曾经是海底大陆。因为，科学家发现，在格陵兰岛发现的这些远古岩石化石只有在大陆板块运动中碰撞才会产生。这些远古岩石就是科学家们所说的蛇纹石。

蛇纹石是一种含水的富美硅酸盐矿物的总称。它们的颜色一般常为绿色调，但也有浅灰、白色或黄色等，而且由于它们往往是青绿相间像蛇皮一样，所以称之为蛇纹石。蛇纹石源于火成岩，它的形成是两个大陆板块在运动中相互碰撞时挤压海底大陆而形成的一种岩石。从这一点上科学家断定格陵兰岛在远古的时候可能就是一块海底大陆，后来由于板块与板块之间的撞击而被推出海面，成为如今人们看到的格陵兰岛。

这一发现无疑是石破天惊的。因为，这一发现使得格陵兰岛一下子成为世界上最古老的岛屿。不仅如此，这一发现还使得海陆变迁找到了切实的证据。

来自挪威卑尔根大学的地球科学家哈里德·弗恩斯教授，在谈到这项研究时称："在格陵兰岛发现的蛇纹石是我们重视审视这块岛屿的一个突破口，这些蛇纹石是地球上最古老的蛇纹石。可以这样说，格陵兰岛是地球上由于地壳运动碰撞而形成的第一个原来是海底大陆的岛屿。根据这些化石的老化及风化程度，我们初步判断它们形成于 38亿年前。"

根据地球筑造论演说，地球的表面大陆就好像是一块七巧板，是由许多的小板块拼起来的，而且这些板块时刻都在运动当中，只不过运动的速度很慢，人们感觉不到而已。由于大陆板块的运动，导致了许多板块结合部经常会发生强烈的火山或者是地震现象。从另一个角度来说，正是由于大陆板块的运动才创造出了许多新的大陆。也有科学家们表示，在板块运动发生之前，地球上只是一片汪洋大海。所以，格陵兰岛之前很可能就是一片海洋，在板块作用的影响下才成为了现今的模样。

格陵兰岛形成于 38 亿年前，且曾经是海底大陆，这一研究成果将对地球的进化史以及地球生命形成的历史产生重大的影响。因为，此前绝大部分科学家都认为生命产生于地球上温暖的地方，因为这种地方有助于有机体吸取外界的营养，而且环境也有助于有机体的繁衍。但是格陵兰岛的成因使得人们对这种认识有了新的理解，使得人们更愿意相信其实生命是起源于海洋。

另外，随着对格陵兰岛出土蛇纹石研究的深入，科学家们逐渐把目光转向远古时代地壳板块运动对生命的影响。根据弗恩斯教授的研究，我们可能从格陵兰岛蛇纹石上的化学成分中分析出远古时代生命形式的部分信息。此前也有地球学家认为地球上的生命正是由于地壳板块的运动而繁衍起来的。来自纽约的结构地质学家詹尼弗·卡尔森也表示，远古时代的海底山脊是早期有机体生活的温床，但是那时来自外界的各种环境变化的影响也只能涉及海洋的表面，而对于海底世界却是鞭长莫及。也正是这个缘故，人们对格陵兰岛的形成走了不少弯路，对于海底世界的认识还缺乏深度。

然而，关于格陵兰岛的成因还有一个问题需要解决。那就是，虽然说格陵兰岛是板块与板块之间碰撞形成的海底大陆。但是，要想形成大陆，还需要另外一个条件，那就是地球表面必须要足够冷才有条件形成固体的陆地。格陵兰岛的地理位置恰恰满足这一条件，因为格陵兰岛在地理上属于高纬度，而且很大一部分位于极圈之内，气候凛冽，因此格陵兰岛有足够低的温度。这样，格陵兰岛就在多种作用力的影响下成就了。也正是因为这样，格陵兰岛约 4/5 的土地被冰层覆盖，中部最厚达 3411 米，平均厚度接近 1500 米，成为仅次于南极洲的冰川。

由此可见，格陵兰岛这个充满神秘气息的地方，之前很可能是海底大陆。所以，海洋和大陆没有绝对的界限，只要条件满足，在一定的地质作用下，就可以实现沧海桑田。所以，格陵兰岛成因的新发现说明了海底的板块运动很早以前就开始进行了，而且它成为研究地球早期构造的一个很好的素材。

第三章

地面正在下降

　　地面是承载我们衣、食、住、行的重要依托，是我们生存发展的基础和前提。然而，我们脚下的地面并非是稳如泰山、一动不动的。其实，地面也是会下沉的，地面沉降就是一个突出的表现，而且地面沉降具有不容小觑的危害性。尤其是人类的不正当活动，直接导致了全球范围内的地面沉降，使得人类的生存面临危机。因此，地面沉降是不容小觑的，虽然我们平时不易察觉，但实际上，地面正在下降。

沉降的地表

大自然的力量是不容小觑的。在自然生活中，地面看似稳如泰山、纹丝不动，但实际上，它是在运动着的。只不过这种运动有时候比较剧烈，而有时候却难以察觉。其中，比较剧烈的变化就是地质运动，而比较隐秘的变化就是地面沉降。

比如，意大利水城威尼斯就有明显的地面沉降现象。因为，威尼斯地面标高仅仅1米左右，这里经常遭受潮水的侵袭。据统计，在过去的100年中，威尼斯平均地面下沉达1米，而著名的市政府大楼罗内丹宫截至2001年已经累积下沉了3.81米。每当狂风骤起，海水便涌入市区，使得市内的圣马可大广场顿时变成一片汪洋。意大利摩德纳市也有地面沉降的现象。12世纪古罗马大教堂，因为地面下沉已经出现开裂和倾斜。

又如，美国的大部分地区也都发生了地面沉降，有些地区还相当严重。据观测和研究发现，美国已经有遍及45个州超过44030平方千米的土地受到了地面沉降的影响。其中，美国洛杉矶地区的地表近几年也一直在沉降，且每年的沉降幅度最高可达 11.43 厘米。最剧烈的地面沉降发生于美国长滩市威尔明顿油田，截止到 2012 年其最大累积沉降量已经高达 9 米。

同时，中国的古都西安地面沉降问题也十分突出。自 1959 年首次地陷至今，西安市市区沉降量大于 500 毫米的面积已经高达 30 平方千米，最大累计沉降量达 1800 多毫米。而且，地下有 13 条东西走向的地裂缝，裂缝总长度超过 50 千米。

除此之外，值得一提的还有上海。上海是我国地面沉降发生最早、影响最大、带来危害最严重的城市。自 1921 年发生地面沉降以来，上海至今沉降面积已达 1000 平方千米，沉降中心最大沉降量达 2.6 米。而且，根据对上海 40 多年沉降历史的研究，地面沉降造成的经济损失已高达千亿元，也就意味着地面平均每沉降 1 毫米，损失就高达 1000 万元。

当然，我国的地面沉降情况还远不止如此。根据研究和统计数据显示，我国已经有 70 多个城市发生了不同程度的地面沉降，沉降面积已经高达 6.4 万平方千米。其中，沉降中心最大沉降量超过 2 米的有天津、太原、西安等城市，其中天津 60% 的地面发生沉降，塘沽区的沉降量达到 3.1 米。

可见，地面沉降的问题确实是存在的，而且地面沉降问题还十分严重。虽然一时间我们难以察觉，但是数十年的累积调查结果足以让我们不寒而栗。如此大数值的地面沉降不得不引起我们的警醒。如果任其发展下去，那么我们赖以生存的地面将面临极大的威胁。因此，地面沉降的问题千万不可小觑，我们一定要对地面沉降有一个清楚全面的认识和把握。

那么，到底什么是地面沉降呢？下面，我们就一起走进地面沉降的世界，来详细地了解一下地面沉降的问题。

地面沉降具有波及范围广、下沉速率缓慢和往往不易察觉的特点。其中，地面是一个相对完整的整体，因此地面沉降往往是大范围的，波及面比较广。但是人为因素导致的地面沉降一般波及的范围会小得多，不过下降的速率和幅度却比较大。即便是这样，地面沉降也是一个漫长的过程，并非一朝一夕能够发现到其中的差别，一般这种变化需要几十年作为基本的测量和研究单位。所以，地面沉降还是一个统计问题。

而且，地面沉降不是平稳地下降，有时地面沉降伴随着地裂缝的出现，如我国的西安、大同以及美国的拉斯韦加斯等。

从类别上来看，一般来说，地面沉降可分为三种不同的类型，即构造沉降、抽水沉降和采空沉降三种。其中，构造沉降是由地壳沉降运动引起的地面下沉现象；抽水沉降是由于过量抽汲地下水（或油、气）引起水位（或油、气压）下降，在欠固结或半固结土层分布区土层固结压密而造成的大面积地面下沉现象；采空沉降，是因为地下大面积采空引起顶板岩（土）体下沉而造成的地面碟状洼地现象。

这三种沉降方式，在不同的历史时期和不同的环境下发挥的作用是有所不同的。就现在的情况来说，由于经济快速发展，地面沉降大多是发生在大河流域下游的近海冲击平原或大型盆地地区，尤其在工业发达地区，地面沉降是一种普遍存在的现象。

据统计，目前世界上已有 50 多个国家和地区发生了不同程度的地面沉降，如墨西哥的墨西哥城，美国的圣华金谷地、长滩、休斯敦，日本东京、大阪，泰国曼谷，意大利波河三角洲和威尼斯，英国柴郡，新西兰怀拉基，澳大利亚拉特罗布谷地等。一般沉降量达数米，有些地区根据历史统计数据已经超过了 10 米。

而且，在美国，约有 45 个州的 4.4 万平方千米的地区发生了地面沉降。日本的沉降面积约占日本可居住面积的 12%，其中 1128 平方千米地面标高处于海平面以下。

对我国来说，我国按照地面沉降的地质环境可分为三种。一种是现代冲击平原模式，比如我国的几大平原。有调查显示，我国华北平原不同区域的沉降中心有连成一片的趋势；一种是三角洲平原模式，尤其是现代冲积三角洲平原地区，如长江三角洲就属于这种类型。长江三角洲地区最近 30 多年累积沉降超过 200 毫米的面积近 1 万平方千米，占区域面积的 1/3；另一种是断陷盆地模式，它可划分为近海式和内陆式两类。近海式指滨海平原，如宁波；而内陆式则为湖冲积平原，如西安市、大同市的地面沉降可作为代表。

总体来说，我国发生地面沉降且灾害影响显著的城市约有 50 座，其分布既有沿海城市也有内陆城市，其中西安、北京、天津、南京、无锡、宁波、大同、台北等地区最为严重。这些地方遭受地面沉降的威胁也较大。

一言以蔽之，不管怎样，地面并不是我们想象和看到的那样，一动不动的。地面会下降，而且是可以测量和统计的。

地面沉降的自然推手

看似一动不动的地面并不是永久不变的，地面沉降确实存在。但是，突然听到这样的结论还是常常会让我们不敢相信，或是一头雾水，存在这样或那样的疑问和不解。比如，广袤的大地，坚实的结构，怎么会出现沉降呢？是什么样的力量，造成了这一切呢？

大自然总是奇妙无穷和奥妙万千的，造物主的神秘往往会让我们百思不得其解。其实，地面沉降的背后是大自然的强大作用力。从地面沉降的定义中，我们就可以窥见一斑。地面沉降又称之为地面下沉和地陷，是指由于地面或地下原因引起的地面总水平的任何向下移动。

可见，地面沉降是由于地面和地下原因造成的。其中，地面原因主要是指地面地层的情况。也就是说，地表松散地层或半松散地层等在重力作用下，在松散层变成致密的、坚硬或半坚硬岩层时，地面会因地层厚度的变小而发生沉降。

但是相比较而言，地下原因是造成地面沉降的原始动力。也就是说，地壳的垂直运动引起的地面沉降是地质历史时期普遍存在的现象，是不可避免的。

在自然界中，影响和改变地形地貌的力量是地质作用。所谓地质作用就是指自然界中存在的导致地表形态出现改变的内外力作用。其中，内力作用主要就是指地壳的作用力，地壳的作用力是成就地貌、改变地面形态和海拔位置的重要因素。

一般来说，地壳的作用力分为水平运动和垂直运动。地壳的水平运动是又称之为造山运动或褶皱运动。这种运动常常可以形成巨大的褶皱山系，以及巨形凹陷、岛弧、海沟等，同样它也是发生六大板块移动的直接原因，是海陆变迁的根本原因。世界上最深的海沟马里亚纳海沟和称为世界屋脊的珠穆朗玛峰，就是板块之间相互运动、膨胀和挤压形成的。垂直运动，又称升降运动、造陆运动，它使岩层表现为隆起和相邻区的下降，可形成高原、断块山及拗陷、盆地和平原，当然也可以引起海侵和海退，使海陆变迁。

因此，地壳运动控制着地球表面的海陆分布，影响各种地质作用的发生和发展，形成各种构造形态，改变岩层的原始状态，也正是因为这样，人们把地壳运动称为构造运动。通俗一点说，就是地壳的水平运动导致沧海桑田，垂直运动导致地表隆起或凹陷。

所以，造成地面沉降的一个重要的自然推手就是地质构造运动，准确地说是地壳的垂直运动。正是在地球垂直运动的作用下，地面发生上升和沉降，造成了具有巨大差异的地貌形态。当然，这种构造运动是一种长期而缓慢的运动，它们经历的时间尺度常常是以百万年计算。但是，也有一种较为快速的构造运动。这种运动以年和小时为计算单位。比如地极的"张德勒摆动"，能引起地壳的微小变形；日、月引潮力不但造成海水涨落，也能使地球固体部分形成固体潮，一昼夜甚至能使地面产生最大几十厘米的起伏。

另外，较大的地震可引起地球自由振荡，造成地面沉降。一般来说，地震产生作用力的形式分为横波和纵波。其中，横波是水平方向的作用力，产生左右摇晃，破坏性较大。而纵波是推进波，它使地面上下振动，破坏性较弱。但是地震的纵波却能造成一定程度的地面沉降，比如 2011 年 3 月 11 日本大地震就是一个十分突出的例子。

大地震发生后，日本国土地理院观测到宫城县牧鹿半岛出现地面沉降。之后，国土地理院利用全球卫星定位系统（GPS）对岩手、宫城和福岛三县沿海地区 13 个市镇的 28 个地点进行了测量调查，并比对大地震之前的数据。调查结果发现，所有调查地点都出现不同程度的地面沉降，其中下沉最严重的是岩手县陆前高田市的小友町，下沉了 84 厘米，其次是宫城县石卷市，下沉了 78 厘米。而且，日本国土地理院还观测到，岩手县的地面缓慢下沉在地震后一直没有停止。

因此，国土地理院得出结论，大范围地面沉降是由地震导致的地壳变动造成的。可见，大地震的确会引发地面沉降，准确地说是地震的纵波造成了地面的沉降。

另外，地下洞穴（溶洞）也会引发地面沉降。但这种地面沉降发生得往往比较突然，而且常常会带来毁灭性的后果。

比如，某些岩石，如蒸发盐矿物（盐、石膏和硬石膏）和碳酸盐矿物（方解石和白云石）具有易溶于水的特性。盐和石膏在水中的溶解能力分别是方解石的 7500 倍和 150 倍。在美国，有 35%~40% 的国土是以蒸发岩为基础的。与溶解相关的沉降遍及全美各主要盐盆。以喀斯特著称的特殊风化地形有助于碳酸盐岩石的溶解。碳酸盐岩喀斯特地貌

覆盖了美国俄克拉荷马州塔尔萨以东 40%的潮湿地区。纽约瑞茨奥佛和佛罗里达中西部的洞穴塌陷主要就是盐类和石灰石类洞穴塌陷。

　　总之，地面沉降的原因是比较复杂的。但是，从根本上来说，造成地面沉降的自然原因，是因为它们下面的支撑被移去。也正是因为这样，由自然原因引起的局部地面沉降集中在石灰岩和含石膏类的地层内，以及在引起地面塌陷的地下溶解过程中。

　　最后，还需要注意的是，虽然造成地面沉降的自然作用力是非常巨大的，不过一般来说，这种作用产生的速度也是十分缓慢的，除了剧烈的地质运动。因此，这种变化常常是以百万年计算的。

不容小觑的隐形杀手

　　地面沉降的话题，几十年来被频频提起，已经成为一个普遍的问题，但也是一个日益危险和不得不予以重视的问题。虽然听起来，地面沉降只是一种地面水平面降低的现象，与地震和海啸比起来也无足轻重，但实际上其危害性是不容小觑的。它往往会给我们带来极大的损失，造成极大的破坏。而且，这种"温水煮青蛙"式的灾害，正日益成为一些地区经济社会可持续发展的重要制约因素。

　　作为一种地质灾害，地面沉降很早就有史书记载，地面沉降造成的破坏性和产生的杀伤力也让我们付出了惨痛的代价。

我国地面沉降最早发生于 20 世纪 20 年代的上海和天津市区，到 20 世纪 70 年代，长江三角洲地区主要城市和平原区、天津市平原区、河北东部平原地区也相继发生地面沉降。20 世纪 80 年代以来，地面沉降由点及面，在区域上逐渐连片发展，范围更趋扩大。长江三角洲、华北平原和汾渭地区中的主要城市，是当前我国地面沉降的三大区域。其中华北平原区地面沉降量超过 200 毫米的范围，达到 6.4 万平方千米，占整个华北地区的 46% 左右。其他地区如安徽阜阳、松嫩平原、珠江三角洲、江汉平原等，也出现了地面沉降灾害。

这些地面沉降地区大都是我们人口密集、经济活跃的地方。同时，据 2012 年 2 月 20 日获得国务院批复的《2011—2020 年全国地面沉降防治规划》权威发布，我国发生地面沉降灾害的城市已经超过 50 个，全国累计地面沉降量超过 200 毫米的地区达到 7.9 万平方千米。而且，大范围的地面沉降造成的破坏性是不容小觑的。

具体来说，这种破坏性主要表现在以下几个方面。

首先，地面沉降的危害就是对国土资源的巨大破坏和消耗。地面沉降虽然进程缓慢，而且每一次地面沉降的幅度有限，但是持续地发展下去，地面沉降的后果就极有可能是桑田变成沧海。据南京地质矿产局的调查研究发现，按照现在地面沉降的速度，到 2050 年富饶的长江三角洲可能发生"沧海桑田"的巨变。

又如，根据观察和统计数据发现，不断的地面沉降，已经导致上海地面的高度明显低于苏州河河面。根据上海市地质调查研究院的数据显示，从 1921 年到 1965 年上海市区总共沉降了 1.69 米，有专家称，如果当时没有着手治理地面沉降问题，那么上海很可能早就在 2000 年左右就"下海"了。

可见，地面沉降对土地及国土资源是一个极大的威胁和挑战。如果任其发展下去，置之不理，那么多年以后，有不少的城市会消失不见，我们赖以生存的家园很可能也不复存在。

其次，地面沉降对历史遗迹以及城市的生存和发展造成极大的威胁。地面沉降往往会伴随着一系列的裂缝活动，因此往往会造成地面和台阶的严重损毁。据专家推算，一年的时间，裂缝造成的两侧的地面落差或可近70毫米。所以，地面沉降往往会导致地面建筑物的倾斜或下陷，从而给建筑的安全性造成威胁。比如，由于地面沉降，矗立于古都西安的唐代建筑大雁塔倾斜已达上千毫米。

还有，在一些地面沉降强烈的地区，伴随地面的垂直沉陷会发生较大水平位移，这种水平位移也往往会对许多地面构筑物造成巨大危害。所以，地面沉降对一些历史遗迹来说是一种极大的威胁和破坏。

而且，由于地面沉降造成错位，还会对地下设施和地下管道造成严重的破坏。据不完全统计，我国每年因地面沉降导致的地下设施和管道的损失达1亿元。加上井台破坏、高摆脱空、桥墩的不均匀下沉等，也往往会给市政建设带来一定的影响。

同时，地面沉降对城市生存和发展的威胁也是不容小觑的。在人口密集、经济活跃的城市发生地面沉降的危害性是极大的，它会给人们的生活、生产、交通和旅游等都产生极大的影响，使得城市的发展受到极大的限制和约束，甚至是遭遇极大的困境和危险。比

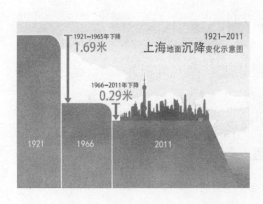

如，由于地面沉降，海河泄洪能力大大下降，天津市区内涝基本无法从海河排出；由于地面沉降，华北一些地区地下水循环系统平衡遭到破坏，地下水质恶化，使人们生活面临困境；由于地面沉降，一些港口城市因为码头、堤岸的沉降而丧失或降低了港湾设施的能力。

另外，地面沉降还会对城市事业建设和资源开发造成不良的影响。发生地面沉降的地区属于地层不稳定的地带，而在进行城市建设和资源开发时，需要更多的建设投资。因此，地面沉降对城市的事业建设和资源开发是一种极大的限制，稍有不慎就会造成更为严重、更大范围的地面沉降，给城市的发展和人民的生活和安全造成极大威胁。

比如，2013 年 3 月 26 日 17 时 20 分许，深圳福田区商报东路景洲大厦小区过道发生地陷，路面出现直径 5 米的大坑，约四层楼深。一名保安掉入坑中，被救出后抢救无效死亡。而事发地 2 米远处是某集团的一在建工地。

不仅如此，严重的地面沉降，还往往会墙体严重开裂，使人们的生命财产安全遭到严重威胁。所以，地面沉降这个"沉没的土地危机"造成的破坏性是极大的，它已经成为一种世界性的环境公害，给世界各国都造成了极大的损失。

据我国地质调查局评估表明，近 40 年来，我国因地面沉降造成的经济损失超过 3000 亿元，其中上海地区最严重，直接经济损失为 145 亿元，间接经济损失为 2754 亿元；华北平原地面沉降所造成的直接经济损失也达 404.42 亿元，间接经济损失 2923.86 亿元。

除此之外，美国也是地面沉降的重灾区。1922 年最早在加州萨克拉门托河流域发现地面沉降，1920~1969 年地下水位下降达 137 米，累积地面沉降达 2.6 米，影响范围 9100 千米。到 20 世纪 70 年代初期，美国已有 37 个州产生不同程度的地面沉降现象。到 1955 年美国就已有超过 45 个州 4 万多平方千米的土地受到了地面沉降的影响，这相当于新罕布什尔州和佛蒙特州面积的总和。而且，造成的经济损失也是十分惊人的。仅在美国圣克拉拉山谷，由地面沉降所造成的直接经济损失，在 1979 年大约为 1.31 亿美元，而到了 1998 年则高达 3 亿美元，2000 年之后，损失更是有增无减。

但是，需要注意的是，地面沉降和其他的地质灾害有所不同，和其他的地质灾害或者极具破坏性的灾难相比，地面沉降这个灾害最大的特点是反应滞后，进程缓慢，很难被人察觉，也很难被检测到。可一旦发生，它的破坏性就很可能是灾难性的。尤其是对于一些人口密集、经济活跃的内陆城市，当地面沉降遭遇暴雨城市内涝、交通瘫痪也往往会成为一个普遍的问题。因为，地面沉降对城市的管网系统或者排水系统会造成极大的破坏性。而在事发之前是难以预测的。也正是因为这样，地面沉降成为一种"久治难愈的顽疾"。

可见，地面沉降的破坏性和杀伤力是极大的，它给我们的生存、生活、发展等都造成了极大的危害，因此我们一定要予以重视，采取各种措施综合治理。否则，这种损失一旦造成将是难以挽回的，不可逆的。因为，地面沉降是一种环境地质灾害，是一种不可补偿的永久性环境和资源损失，是地质环境系统破坏所导致的后果。所以，在城市经济发展的过程中，千万不能忽视了地面沉降。

固体矿产是地面的支柱

矿产是一种宝贵的资源，是城市发展的重要支撑和依据，丰富的矿产资源是一个城市重要的发展资本，能够给城市提供强大的动力。同时，矿产也是地面的强大支柱，尤其是固体矿产资源，对维持地面的平稳和海拔位置有着十分重要的作用。

一般来说，固体矿产是指在地表或地壳内由地质作用形成的具有现实经济意义或潜在经济意义的固体自然富集物，是矿产资源的一大类。由此可见，固体矿产资源具有极大的经济价值，是城市经济腾飞的强大助力。

而且，从包含的资源来看，固体矿产资源包括能源矿产中的煤、油页岩、石煤、天然沥青、铀以及金属矿产的全部和非金属矿产的大部分。因此，固体矿产的资源包含着众多的种类，是一种十分有价值和多种用途的矿产资源。它们有的可以提供能量支持，有的可以作为建筑材料，有的本身就具有极大的经济价值。

也正是因为这样，固体矿产资源的开采一直是人们发展经济的重要关注点，人们对矿产资源的开采的热情也一直居高不下，并且这些开采的固体矿产资源也给经济的发展以及满足各种市场需求作出了突出贡献。

可是，大量的固体矿产资源位于地壳地层内，如果在开采的过程中不能采用恰当的方法，注重科学开采，循序渐进地开采，那么固体矿产资源就会面临枯竭。因为，这些固体矿产资源大都是不可再生资源。不仅如此，过度地、不合理地开采固体矿产资源，还会使矿产层产生空洞，从而诱发地面沉降和塌陷的情况。

因为，固体矿产资源不仅是一笔丰厚的财富资源，更是构成地壳岩层、成就地面的重要支撑。如果把固体矿产资源掏空，必然会造成地面的沉降或塌陷。具体来说，矿山地下开采引起地表塌陷是一个复杂的地质力学过程，是受扰动岩体破坏、移动与变形过程的最终体现。在地下固体矿产资源被采出后，常常会破坏岩体内原有的应力平衡状态，使采空区周围的岩石层乃至地表发生移动和变形，而当采空区足够大的时候，岩层移动达到地表，就会形成下沉盆地，导致地面建筑物的变形和损坏。

因此，固体矿产资源是地面的支柱，在开采固体矿产资源的时候，一定要注重科学开采，做好各种准备以后续工作，避免引发地面沉降。

但是，在实际生活中，为了追求经济的发展，人们往往会过度地开发固体矿产资源而无视这种行为对环境的破坏。对我国来说，最突出的表现就是对煤炭的开采。我国是世界产煤大国，其中有97%的煤炭生产为地下开采。也正是因为这样，地下采煤与地表塌陷的矛盾一直成为我们经济发展的重要阻碍。其实，煤炭作为一次性能源，这种矛盾还将长期存在，唯一的解决方法就是科学合理地开采固体矿产资源，并积极地做好后续防备工作。这样，才能避免出现地面沉降。否则，就会产生极大的破坏力，成为制约我们生存和发展的一大瓶颈。

根据统计资料，目前我国因开采煤炭所造成的地面塌陷面积已达

40.2万平方米，其中75%是农田，而且还正在以每年667平方米的速度递增，而且我国每年开采1万吨煤炭就要有近4亩的耕地被毁坏造成减产或绝产。一个中型矿井为此付出的赔偿每年达近亿元。许多矿区内原来地势平坦，农田肥沃，但由于开采塌陷，形成了很多塌陷集积的水坑，致使耕地无法使用。同时，地面建筑物、道路、桥涵、铁路、管线等基础设施的改建或维修耗费大量的人力、物力和财力，若地面沉降严重，甚至要搬迁整个村庄，更是一种极大的损耗。因此，随着固体矿产资源的开采，对于矿区特别是平原地区的矿区是一个极大的考验和挑战。

同时，不合理地开采煤炭等固体矿产资源，还会直接危害地面的建筑和设施。比如，我国抚顺矿区特厚煤层开采，给车辆厂、石油厂、发电厂、挖掘机厂造成不同程度的损害，甚至停产或被迫移址；本溪矿区的职工医院，受采动危害，墙体严重开裂，不能正常就诊，学校受采动影响，学生不能上课。

国外类似的事例也很多，比如，德国因开采煤炭影响造成铁轨悬空，引起房屋毁坏；波兰巴库伊钢铁公司，由于地下采煤，尽管采取了积极的保护措施，但是仍造成了天车轨道两端竖向高差达620毫米之多。

可见，过度不合理地开采矿产资源造成的地面沉降后果是十分严重的。由于固体矿产资源是地面的强有力支柱，所以，在开采固体矿产资源的时候，一定要注重采用科学合理的方法。

那么，在开采固体矿产资源的时候应该如何处理矿产开采和地面沉降之间的矛盾呢？下面我们就以采煤为例说一下如何防治地面沉降问题的出现。

1. 合理有序地开采固体矿产资源

固体矿产资源大都是一次性资源，非可再生资源，因此在进行资源开采的过程中一定妥掌握分寸，把握尺度，避免过度开采。而且，过度开采，不仅会加大资源的浪费，还极有可能诱发地面沉降问题，从而给人们的生产、生活造成极大的危害。所以，对固体矿产资源进行开发的时候，一定要合理有序地展开，强调资源开采的可持续性和科学性。

2. 采取恰当的开采充填方式

减少地表变形、避免地面沉降最直接的途径就是减少地表下沉值，为此就要采取恰当的开采和充填方式。选择恰当的开采、充填方法和充填材料就能有效地避免和减弱地面沉降的问题。具体来说，在开采上可以采用条带开采的方式。使用条带开采，保留的条带可以支撑顶板及上覆岩层，减小地表下沉及变形下沉量一般在15%以下。

另外，可以采取必要的充填方式。充填开采时，覆岩的破坏较小，从而减少了地表下沉，而减少程度取决于充填方法和充填材料，其中水砂充填下沉值为采厚的10%~15%，其他充填法为30%~50%。

但是需要注意的是，在资源开采之前要先对开采引起地表下沉进行精确的预测和分析，以便及时调整开采方案，采用最优方案，减小不利影响。

3. 地面加固保护措施

在对固体矿产物质进行开采的时候，如果不能避免地表变形，可以根据具体情况对地面建筑物或其他设施进行加固保护措施。这样能够在一定程度上减少地面沉降带来的危害，使人们规避风险。

4. 生态复垦

当前对采区塌陷的处理方式是：资源开采造成塌陷后，按照政府确定的补偿标准，对农民进行补偿，之后，土地处于闲置状态。显然，这样既是对环境的破坏，又使矿区企业负担了高额的补偿费。因此，要从实际出发，对沉降区进行综合治理和复垦利用。在适宜栽种农作物的区域，利用煤矸石回填，覆土造田，种植农作物；在不适宜的地区，则可以覆土植树造林；若塌陷区水域面积较大，则可以发展渔业或建造水上公园；在交通便利的沉降区，回填稳定后还可以建民宅或简易厂房等。如安徽省淮北市对对煤矿塌陷区废弃土地进行有效的治理和大面积复垦，既恢复了土地的自然状态，促进了生态平衡，又提高了土地资源的利用率和再生率，避免了地面沉降危害的发生。

总之，固体矿产资源是地面的强大支柱，为了避免地面沉降及其造成的危害，我们必须采取有效的控制措施，解决资源的合理开发与环境保护协调发展的问题，减少由地下采矿引起的地表塌陷及其对环境的危害，真正体现土地的价值，保护土地的可持续利用和矿业城市的可持续发展。

油气开采导致地表下沉

石油和天然气是重要的自然资源，在经济增长和发展的过程中，扮演着十分重要的角色，因此人们对石油和天然气的需求量是很大的。然而，石油和天然气与其他的一次性或非可再生资源一样，是十分珍稀的资源，如果过度开采很有可能导致资源枯竭，甚至会诱发地面沉降问题，从而给我们的生存和发展造成极大的威胁。

石油和天然气是现代社会不可或缺的重要资源。它们既是重要的能源材料，也是不可缺少的化工材料，从燃油到纺织品，从自行车到飞机，从吃饭到睡觉，我们生活的方方面面几乎都有石油和天然气产品的踪影。因此，在新的替代能源普及之前，石油和天然气将成为主宰国计民生的重要战略资源。

而且，毫不夸张地说，石油和天然气资源已经成为关系包括我国在内的很多国家的经济发展的命脉。目前，国际上的很多合作与争端都与石油和天然气的利用有关。然而，我国石油的储量是非常有限的。其中，我国目前有三分之一的原油依靠进口，一旦进口原油吃紧，国内经济和社会将受到严重的影响。而且，我国石油储蓄量仅占世界总量的 2.3%，可开采年限只有 20.6 年，大大低于世界平均年限 42.8 年。

相对于石油资源来说，我国的天然气资源比较丰富，预测地质总储量在 38 万亿立方米，资源总量排名世界第 10 位，占世界天然气总资源的 2%。可是在能源结构中，天然气仅占 2.1%，远远低于 23.8%的世界平均水平。因此加快国内石油、天然气资源的高效优质开发是十分重要的。

但是需要注意的是，这并不意味着我们要对石油和天然气进行大规模的开采和利用。大规模、过度地开采石油和天然气，不但不能有效地改善我国的石油和天然气短缺状况，反而容易诱发地面沉降问题。

在开采石油和天然气的过程中，如果不能掌握科学的方法，不仅会造成安全隐患，造成浪费，大规模、不合理的油气开采还往往会导致储存这些资源的沉积层的孔隙压力发生趋势性的降低，有效力增大，从而导致油气层地下压力的减小、油气层的压密，而当压密的数值达到一定量的时候，就会引起地表下沉，出现地面沉降现象。因此，不科学、不恰当的油气开采往往会诱发地面沉降，从而给经济社会的可持续发展造成极大的障碍，给城市的存在和发展造成严重的损失。

比如，美国威明顿油田就是一个因为不当开采石油而造成地面沉降的例子。美国威明顿油田是一个高孔隙度的多油层背斜断块油田，1936年油田投产后，1951 年产量达到高峰值。但是，由于不科学、不合理的开采导致 1958 年出现地面沉降问题，地表下沉面积波及 51.8 平方千米，下沉中心幅度达到 8.85 米左右。而且，由于地表下沉，港口被海水淹没，铁道扭曲、断裂，公路桥梁产生裂缝和错动，建筑物遭损。

同时，当油气开发后，如果不能采取积极有效的应对措施，必将使流体压力降低，固体颗粒有效应力增加，使地层进一步压密，从而引起地面沉降。所以，不科学、不恰当的石油和天然气的开采也是引起地面沉降的因素之一。

另外，不科学、不恰当的石油和天然气开采会导致地表变形，不过这种变形在初期是非常轻微的，不易测量。但在中期，下沉会逐渐加剧，影响范围不断扩大，危害性就十分严重了。因此，对于油气田的开采一定要掌握正确、科学、恰当的方法，坚持适度的原则，保证资源可持续的高效开发和利用。

还有，为了避免不当的油气田开发所诱发的地面沉降和基于我国油气资源匮乏的现实，我们应该懂得珍惜现有资源、合理利用资源、开发新型资源，加快探索新型替代资源的脚步，建立长期稳定的油气战略储备。这样，油气资源才能得到高效良好的开发和利用，地区的经济发展也才能持续，地面沉降的危机也才能得到有效的缓解。

资源利用要用在刀刃上

资源是一个国家和地区丰厚而宝贵的财富，是存在发展的重要根基和动力。如何开发利用资源是十分重要的。它不仅关系着一个地区的经济发展程度和竞争力，还关系着这个地区的环境状况和可持续发展状况。

因此，资源的利用要用在刀刃上，要讲究科学性、环保性和可持续性。只有这样，资源才能更好地为经济发展提供支撑，才能有效缓解地面沉降的问题。

我国地域大，自然资源数量多，但是破坏浪费严重。特别是随着我国经济的快速发展，人们消费水平的提高，资源的供需矛盾将越来越尖锐，资源不足和生态恶化已经成为制约我国经济持续发展的"硬约束"。也正是因为这样，我们为了追求经济发展的速度，满足一时的需求，开始大规模、无节制地开采自然资源，在对自然资源的使用上也缺乏精细化、科学化的管理。反过来，自然资源利用率低的状况又迫使人们加大自然资源的开采力度。

显然，这是一个资源开采和利用的恶性循环。在这种恶性循环之下，我们无节制地开采资源、浪费资源，使得地面沉降的问题越发严重。因此，为了避免或减缓地面沉降造成的危害性，我们就必须科学管理对自然资源的利用和开采，提高自然资源的利用率，把自然资源用在刀刃上，避免浪费和污染。只有提高了自然资源的利用率，自然资源的开采才会受到一定的限制和缓解，地面沉降问题也会大大降低。

但是，在经济发展的过程中，特别是在经济快速发展的时期，人们往往走的是一条"高投入、高消耗、高污染、高破坏、低效益"的粗放型的经济增长道路。在这个过程中，人们大肆地破坏环境，获取资源，强调经

济的高速增长。殊不知，这种经济发展的方式却使得我们脚下的土地变得异常脆弱，地面沉降问题越来越严重。

比如，日本 1898 年在新潟最早发生地面沉降，但是程度比较轻微，危害性也不大。但是，随着经济的快速发展，至 1958 年地面沉降速率明显上升，其中 1952~1956 年是日本地面沉降最为严重的时期。而这段时期，日本对资源的开采和利用是比较活跃的。

因此，地面沉降的问题，其实最根本的就是一对矛盾，即经济发展和环境资源的矛盾。环境资源的利用开发，关系着经济的发展，但同时环境资源的不科学、不合理的利用，反而会带来一系列的环境问题，以制约经济的发展，得不偿失。

一句话，地面沉降问题实质上就是城市化进程中的负面效应，最关键的是要处理好资源利用的尺度，对资源的利用有一个科学的把握和规定，避免自然资源的浪费和污染，避免陷入资源浪费—资源开采—资源浪费—环境恶化的恶性循环。

为此，我们在城市发展、资源利用上一定要加大把控力度，提高开采资源的利用率，把重要的优质的自然资源用在刀刃上，发挥自然资源的最大功效。只有这样，我们在利用资源的时候才能科学合理地配置资源，提高资源的利用效率，才能实现资源的增值，一定程度上减少资源的大肆开采，减缓地面沉降情况的发生。相反，在配置资源、利用资源的时候，浪费资源，不珍惜资源，以资源的数量来弥补消耗，那么不仅会给我们带来极大的经济损失，还会给我们的环境造成难以挽回和弥补的伤害。

所以，资源高效利用，是避免或缓解地面沉降的重要举措。想要守护我们赖以生存的家园，为我们的生活、生产提供良好而稳定的环境，我们就不能闷着头前进，而是要坚持可持续发展的原则，珍惜节约自然资源，提高资源的利用率，把每一份自然资源都用在刀刃上。只有这样，才能由粗放型发展向集约型发展转变，依靠科技进步和制度创新，从资源利用上入手，进而有效地改善地面沉降问题。

经济发展要协调好与环境的关系

地面沉降是一种地质灾害，但是产生地质灾害的原因除了自然原因，还有很大程度的人为因素。甚至可以说，近些年来的地面沉降大都是在人为因素的作用下产生的。而人为因素中最重要就是没有平衡好经济发展与保护环境之间的关系。

一般来说，由自然推动力造就的地面沉降有波及范围广、速率慢和破坏力大的特点。但是随着经济的发展，自然因素逐渐退居次要位置，人为因素占据了主要位置。也正是因为这样，地面沉降的形势越来越严峻，累计下降的数据也越来越高。

尤其是近几十年来，随着经济的高速发展，人们对自然资源无节制地索取，以及对自然环境"大刀阔斧"的改造，都使得地面沉降问题越来越多地和人类活动密切地关联在一起。因此，在人类活动的参与和影响下，地面沉降的速度明显加快，波及范围也越来越广，已经成为一个全球性的问题。

当然，体现一个城市经济发展的因素有很多，但是一个对地面承受力影响最直接的因素就是一座座拔地而起的摩天大楼。而且，地质专家在解读城市地面沉降的问题时，也指出高层建筑对地面沉降影响明显。其中，上海地质学会秘书长表示："根据目前的研究成果，发现高层建筑的影响能达到四成，对地质环境的作用非常明显。"

然而，众所周知，上海是我国高层建筑最多的城市，甚至在世界排名中都名列前茅。现在，我们不妨看一看它增多的过程：20 世纪五六十年代，新建的高层建筑是 40 幢，80 年代新建是 650 幢，90 年代开始明显提速 2000 多幢，而百米以上的超高建筑就 100 多幢。甚至可以说，1993 年以来上海平均每天就"站"起一幢高楼，目前高层建筑已经有七八千幢了。

可见，"楼升地降"已经成为上海市地面沉降的一个重要原因。在地面之上，越来越多的高楼拔地而起，无疑给地面造成了越来越大的负荷，使得城市地面难以承受。加上城市规模的扩大，高大建筑物的不断增加，铁路、桥梁等交通设施及运输荷载的影响，地表荷载加重，也加速了地面的沉降。而这一切正是经济快速增长的表现，是人们没有处理好经济增长和环境生态保护的一个方面。也正是因为这些不断"生长"的高层建筑，使得上海自 20 世纪 90 年代以来，在高楼林立的陆家嘴地区，地面沉降幅度每年达 12~15 毫米。

同时，随着城市建设的

高度发展，大量建筑物和市政工程造成的差异性沉降日益明显。从《2006—2010 年上海地面沉降等值线图》，我们可以清晰地看到，上海中心城区地面沉降的两个大漏斗已经不明显了，相反，出现了一个一个的小漏斗。专家表示，小漏斗的形成与城市工程建设密切相关。

另外，随着经济的快速增长，1957 年到 1961 年期间，是上海开采地下水最多的时期，各地区的平均沉降是 110 毫米，个别地区甚至达到 170 毫米。这也是上海在快速经济发展的大环境下造成的连锁反应，也是造成上海市地面沉降的重要因素。

因此，一味地发展经济，追求经济的增长速度和 GDP 的增长，对城市的可持续发展和环境的保护是无益的。一个城市的发展，不能仅仅体现在对经济发展程度方面，更要注重经济发展与环境保护之间的协调。只有这样，经济发展才有后劲，才能可持续地永久发展下去。

除此之外，经济发展和地面沉降之间的矛盾不仅体现在上海，河北沧州也是集中反映了这一点。

沧州，是河北省的一个地级市，东临渤海，北靠京津，与山东半岛和辽东半岛隔海相望，地理位置的重要性不言而喻。然而，无法预料的是，这里却一度成为我国地面沉降最为严重的地区之一。据调查，在沧州市的佟家花园有一口废弃的机井里，井台和井座脱节已经高达十几厘米。

在沧州，地面沉降的地方还有很多。在沧州市人民医院大院里有一座喷泉，离喷泉不远的一栋楼房的一层窗台明显接近院子的地面，从大院内进出大楼的一层需要上下台阶。河北省环境地质勘查院的一位高级工程师曾对河北地区地面沉降进行过专题研究，据他介绍，目前河北地区地面沉降主要是平原地区，沉降中心在中部平原，而沉降量最大的沧州地区超过了 2 米。

然而，造成沧州出现如此严重的地面沉降现象的原因就是因为沧州地区一味地追求经济的快速发展而高度注重石油开采业。石油开采是沧州的一大经济支柱。为了追求经济的高速发展，大规模进行石油开采，也正是因为这样，使得沧州出现了严重的地面沉降问题。

还有，据不完全统计，目前，我国在 19 个省份中超过 50 个城市发生了不同程度的地面沉降，累计沉降量超过 200 毫米的总面积超过 7.9 万平方千米。而地面沉降严重的城市大都是人口集中，经济活跃的大中城市。

可见，经济发展一定要符合生态环境的要求，在发展的同时一定要平衡好经济和环境之间的关系，力求经济发展和环境保护协调发展，因为地面沉降是与我们生存和发展密切相关的环境问题，它是我们的"生命线工程"。而且，地面沉降已经不是一个某一个地区或者某一个城市的问题，它是全国性的乃至全世界面临的一个重大的课题。现在我们城市正在竭力地向更快、更强的方向发展。农业也在追求高产，要有高产量，但这些却恰恰使得我们的地球正在遭到我们人类的破坏，所以地面沉降的罪魁实际还是我们人类自己，特别是我们不当的生存方式和经济发展方式，在这种大的背景下，造成地面沉降的一个最主要、最根本的原因，就是人类没有处理好经济发展和环境保护之间的关系。因此，为了减缓地面沉降，避免地面沉降带来的巨大危害，我们一定要约束自身行为，科学发展经济，注重经济发展和环境的协调统一。

减缓地面沉降，守住我们的地平线

地面沉降是近年来世界上许多城市出现的危害性极大的地质灾害之一，范围大且不易察觉，又多发生在经济活跃的大、中城市，已成为一种世界性环境公害。据统计，目前世界上已有 60 多个国家和地区发生地面沉降，包括美国、中国、日本、墨西哥、意大利、泰国、英国、俄罗斯、委内瑞拉、荷兰、越南、匈牙利、德国、印度尼西亚、新西兰、比利时、南非等。

其实，地面沉降很早就已经存在了。国外对于地面沉降研究历史久远。根据现有文献资料表明，最早记录地面沉降现象的时间是 1891 年，在中美洲的墨西哥城。但当时由于地面沉降量不大，危害也不明显，所以没有引起人们的重视。目前这座城市最大累计沉降量超过 7.5 米，有的地区甚至超过 15 米。

随着工业化、城市化进程的加速，人为作用引发的地面沉降问题越来越显著，已经成为制约可持续发展的重要因素。加上在经济发展的过程中，人们不懂得环境保护和可持续发展，过度开采固体矿产资源、石油及天然气，过度开采地下水，大肆进行地面工程及楼体建设，使得地面沉降的形势越来越严峻。

另外，地面沉降的危害性和破坏力是极大的。对于地面沉降的问题，如果我们任其发展，不及时采取有效的措施，我们赖以生存的生命家园很可能就会不复存在，我们的生活也会遭受到极大的破坏和影响。而且还要付出极大的代价和惨痛的教训。比如上海从 20 世纪到 2003 年，因沉降造成的损失是 2900 亿元，苏锡常地区和浙江嘉兴也损失了 500 多亿元。因此，为了应对日趋严重的地面沉降灾害，我们必须积极地采取措施，减缓和控制地面沉降，守住我们的地平线。否则，后果是不堪设想的。

那么，在快速发展的经济形势下，我们应该如何科学合理地管理人类的行为，减缓和控制地面沉降现象呢？具体来说，主要可以从以下方面着手。

1. 提高环境保护意识

在经济发展的过程中，为了可持续发展，就必须提高自身的环境保护意识，注重经济发展和环境保护的协调统一。只有这样，经济建设才会合乎生态环境的要求，不至于遭遇地面沉降的困境和危机。因此提高环境保护意识，并以此为主导，指引自己的经济行为，是十分重要的，我们千万不能忽视。

2. 科学开采资源

资源是我们宝贵的财富，丰富的资源是奠定我们发展和生存的根基

和动力。但是，资源开采和开发必须注重科学性、合理性和可持续性。尤其是在开采固体矿产资源、石油和天然气的时候，一定要注重适度性，把握一定的尺度，循序渐进，并做好开采之后的

注意事项，有效地避免地面沉降问题的发生。相反，在经济发展的过程中，如果我们一味地追求经济发展的速度，大肆开采资源，那么不仅资源会早早地枯竭，使城市的生存和发展面临危机和挑战，还会诱发地面沉降问题。因此，科学地开采和利用资源是十分重要的。

3. 控制地下水开采总量，实施人工回灌

过度抽取地下水是造成地面沉降的一个重要的人为因素。随着经济的飞速发展、人口的迅速增加，人们对地下水的需求量越来越大，对地下水的开采量也越来越大。也正是因为这样，极易引发地面沉降问题。比如上文谈到的河北沧州，从 20 世纪 70 年代以来，地面平均沉降 2.4 米，属于我国地面沉降最为严重的地区之一。因此，为了缓解和控制地面沉降，我们一定要积极地控制地下水的开采总量。而且，对于已经出现地面沉降问题的地方要及时地进行人工回灌，力求恢复地面状况，避免或减少地面沉降带来的危险性。

比如，从 1996 年开始，上海就开始限制地下水开采和人工回灌地下水，要求地下水用户在冬天向地下回灌与其夏季开采等量的自来水。而且上海还明确规定在自来水管网到达区域，除战备、应急备用、优质饮用水源开发利用等特殊情形外，禁止开采地下水。2011 年与 2005 年相比，上海地下水开采总量已由 7452 万立方米压缩到 1351 万立方米，压缩幅度达 82%。

这些举措都有力地恢复了土层弹性，控制和减缓了地面沉降。目前，上海市年地下水开采与回灌在总量上已经基本实现了动态平衡。

4. 规范建筑工程

随着城市高层、超高层建筑不断兴建，大规模深基坑降排水活动也成为影响城市地面沉降的主要因素之一。为此，我们有必要规定地面沉降危险性评估制度，明确将地面沉降易发区内 7 米以上的深基坑工程纳入危险性评估范围。

5. 严密监测重大工程

轨道交通、高铁、磁悬浮、高架道路、越江隧道、跨海跨江桥梁和防汛墙等重大市政工程，是维系城市功能的基础性工程，为避免和减少地面沉降对其造成影响和危害，我们还要明确轨道交通、高铁、高架道路等重大市政工程设施沉降监测网，需定期与地面沉降监测网联测，同时明确设施运营管理单位，将日常监测数据定期报送相关部门。这些举措能够有效地减少地面沉降造成的危害。

6. 完善地方法规

地面沉降的治理是一个系统的工程，需要从多方面入手。其中最重要的就是要完善法律法规，严格控制和制约人类的不合理行为。也就是说，在经济建设和发展的过程中要进一步完善地面沉降防治管理制度，制定一些地方性法规，切实规范人类行为，减缓地面沉降的情况。

比如，《上海市地面沉降防治管理条例（草案）》的出台，就有效地减缓了上海市的地面沉降问题。上海市通过地方立法防治地面沉降，在轨道交通、高铁、越江隧道等重大市政工程施工中制定了更严密的地面沉降监测、控制和管理制度。

除此之外，在城市经济发展的过程中，我们还可以注意一些细节，比如今后不全用柏油马路，而是多裸露点自然土地，或者使用渗透性强的材料，防止"小漏斗"的出现。因为，防治地面沉降不仅仅是技术问题，更是宏观调控和战略性问题，我们还要结合国内外同类城市的经验进行比较研究，而且还要让市民了解城市地面沉降的历史、现状及走向，形成合力防治。

第四章
千万别小看了海水入侵

在沿海城市，陆地和海洋相傍相依，海浪拍打着海岸，是一道亮丽的风景，而且沿海城市的经济发展程度和人们的生活质量也大大高于内陆地区。然而，沿海城市也往往受到不小的自然威胁。其中，海水入侵就是沿海城市经常会出现的问题。它给人们的生存和城市的发展带来了极大的冲击和挑战，我们千万不能小看或置若罔闻。尤其是要懂得约束自身的行为，注重城市的科学持续发展。

"井水"真的不犯"河水"吗

水，是生命之源、健康之本，是人们生产、生活的重要基础。它直接关系着人们的生命健康安全和城市经济的发展。所以，水资源是一种不可或缺的宝贵资源。但是，在经济发展的过程中，水资源的污染也是十分严重的，水资源形势越来越严峻。

水资源污染关系到每一个人的切身利益，与每个人息息相关，尤其是地下水。地下水是人们日常饮水的重要来源，一般来说，地下水埋藏于地下，不受气候的直接影响，流量稳定，是很好的供水水源。

那么，地下水在这样的天然屏障保护下，是如何受到污染的呢？其实很简单，因为，地表水和地下水的关系是非常密切的，而地表水和地下水不同，前者裸露于地表，更容易受到污染和破坏。

人们常说："井水不犯河水"，也就是说，井水和河水是互不干扰的，完全不相干的。因为井水是地下水，而河水是地表水，所以河水受到怎样的破坏和污染都不会影响到井水。不过，事实并非如此。实际上，井水、河水、自来水是密切相关的，而且它们是一损俱损。也就是说，地表水和地下水并非那么泾渭分明，而是有着千丝万缕的联系的。

要想了解地表水和地下水的联系，我们首先来看一下地下水的情况。埋藏于地表以下的水叫作地下水。同时，由于岩石和土层的空隙有大有小，空隙大的岩石以及卵石、粗砂，透水性能最好，这种岩层和土层，地下水容易进入空隙，就成为含水层。相反，透水性能差的岩层和土层就是隔水层。根据隔水层和含水层的界限，地下水可以分为上层滞水、潜水和承压水。

其中，上层滞水是由于局部的隔水作用，使下渗的大气降水停留在浅层的岩石裂缝或沉积层中所形成的蓄水体。而且，上层滞水的水质和地表水基本相同。

潜水是埋藏于地表以下第一个稳定隔水层上的地下水，通常所见到的地下水多半是潜水，当地下水流出地面时就形成泉。而且，潜水由降水和地表水下渗来补给。因此，潜水和地表水的关系比较密切。也正是因为这样，地表水和地下水产生了一定的联系，而实现这一补给的方式就是地表水的渗透。

承压水是埋藏较深的、储存于两个隔水层之间的地下水。这种地下水往往具有较大的水压力，特别是当上下两个隔水层呈倾斜状时，隔层中的水体要承受更大的水压力。当井或钻孔穿过上层顶板时，强大的压

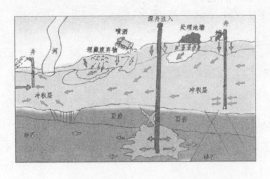

力就会使水体喷涌而出，形成自流水。

一般来说，承压地下水埋藏深，流量稳定，水质较好，不易受污染。但是，如果承压地下水补给区的自然

条件遭到破坏，水源补给有了变化，那么承压区自流水的流量和水质都将受到影响，而这种影响不是一时所能觉察到的，往往需要一段时间才能看出来。

另外，承压水的补给区往往很远，如果承压区过量开采地下水，地下水位下降形成漏斗区之后，补给非常困难，这时就很可能会使潜水区产生海水入侵的问题。这从一个侧面也体现了地下水和地表水之间的联系。因为，海水也属于地表水的范畴，只是海水的含盐量要比其他的地表水要高。

所谓海水入侵，又称之外海水倒灌和海水浸染，是指海水通过透水层渗入水位较低的陆地淡水。一般情况下，陆地淡水层的水位比海水水位高，海水是不会入侵地下水的，但经过长期过量开采和不合理地利用地下水，常常会造成地下水位的严重下降，形成大面积的地下水下降漏斗。地下水位下降造成的后果，一是地面沉降，二是海水入侵。地下水位低于海水水位，会导致海水通过透水层渗入陆地淡水层中，从而破坏地下水资源。而地面沉降往往会破坏地下含水层的结构，又会使海水入侵的情况更加严重。

同时，由于人为活动的干扰和自然条件的改变，海水常形成对淡水层的补给，从而使淡水层咸化，如河床采砂使河床降低，地下水位相应下降，而潮水可上溯更远的距离，潮水及退潮后残存的海水又下渗至含水层，从而对地下水造成污染。

而且，沿海滩涂的虾池、盐池水位要远远高于地下水位，从而造成反向水力坡度，发生下渗和侧渗的作用。还有非开采原因造成淡水层减压，如水田改旱田、河流上游修建水利工程、连续干旱等原因，都会使淡水补给减少，造成海水入侵。因此，地表水和地下水的关系也是非常紧密的。当满足一定的条件，海水就会入侵地下水。

尤其是对于沿海城市来说，海水入侵的问题是比较严重的。海水入侵是最近十余年来世界上许多沿海国家出现并不断发展的一种海洋地质灾害。其中，美国、英国、荷兰、比利时、法国、日本、西班牙、意大利和墨西哥等沿海国家都不同程度地出现海水入侵的现象。对于我国来说，海水入侵主要出现在辽宁、河北、天津、山东、江苏、上海、浙江、海南、广西9个省（区）的沿海地区。而最严重的就是山东、辽宁两省，截至目前，海水入侵面积已经超过2000平方千米。其中，辽东湾北部及两侧的滨海地区，海水入侵面积已经超过4000平方千米，严重的入侵区面积约有1500平方千米。而且，莱州湾海水入侵最远距离达68千米，入侵面积已达2500平方千米，其中莱州湾东南部入侵面积约260平方千米，莱州湾南侧海水入侵面积已经达到2000平方千米。

其实，山东省到20世纪90年代初，海水入侵面积就已经高达701.8平方千米，并且，据统计和调查，海水入侵的速度和形势也是十分严峻的。

可见，沿海城市面临的海水入侵形势是十分严峻的。海水入侵已经成为沿海城市面临的一大问题。虽然地下水是一个动态平衡系统，会不断地和外界发生着物质、能量和信息的交换，能够维持一个动态稳定的地下水位，可是在人类活动的参与下，这种平衡就会被打破，补给得不到有效的补充，继而产生严重的影响。所以，"井水"并非不犯"河水"，地下水和地表水并非泾渭分明，在一定的条件和环境下，地表水也会入侵地下水，给地下水造成污染和破坏。

海水倒灌的自然力量

　　与海水入侵略有不同的是，海水倒灌是海水经由地表达到陆地的一种现象，它也是沿海地区普遍存在且日趋严重的问题，是一种不容小觑的海洋地质灾害。那么，海水倒灌是由什么原因造成的呢？

　　海水倒灌作为一种海洋地质灾害，影响因素首先就是自然因素。因为，造成海水倒灌最直接的原因就是因为海水水位高于内河水位，海潮高于地平面，从而导致海水经由地表造成对陆地资源和淡水资源的入侵。也正是因为这样，海水倒灌普遍存在于沿海低洼地区，因此其成因主要是与地层低陷与潮汐有关，台风季节或暴雨时也很容易引发海水倒灌。

　　下面我们就来具体看一下导致海水倒灌的自然力量有哪些，这些自然力量又是如何引发海水倒灌的。

　　首先，潮汐是引发海水倒灌的重要因素。所谓潮汐，其实就是指由于天体的（主要是月球和太阳）引潮作用所产生的周期性运动，我们习惯上把海面垂直方向涨落称为潮汐，而海水在水平方向的流动称为潮流。潮汐是沿海地区的一种自然现象，古代称白天的河海涌水为“潮”，晚上的称为“汐”。这种现象本身来说并不会产生什么危害性，但是一旦暴发天文大潮就会给海水倒灌提供可乘之机。

天文大潮属于天文潮汐现象，一般在农历的初二、初三和十七、十八日左右出现。在这一天前后，月球和太阳位于地球同一直线上，两大天体引潮力叠加就引发了海水涨落幅度增大，也就是说相邻的最高潮位与最低潮位潮差会比较大。比如，我国广州珠江和香港海域的平均潮差有 1 米左右，而有时候天文大潮，两地的最大潮差会将近 3 米。如此大的潮差在潮汐的强大作用力下，就会引发海水倒灌问题，造成严重危害。比如，2010 年 10 月 18 日厦门漳州多地受天文大潮的影响引发多地海水倒灌，使得沿海的多个地区犹如暴雨过境，城市道路上满是积水，不少临街店铺被淹。

其次，台风是引发海水倒灌的重要因素。在沿海地区，台风的危害和杀伤力是不容小觑的。台风又称之为飓风，是形成于热带或副热带海面温度在 26 摄氏度以上的广阔海面上的热带气旋。在气象学上，按世界气象组织的定义，台风中心持续风速在 12~13 级，即风速达到每秒 32.7 米至 41.4 米。对我国来说，我国毗邻的西北太平洋上时常会生出不少名为台风的强烈风暴，有的消散于海上，有的则登上陆地，带来狂风暴雨。同时，强台风发生还常常会伴有大暴雨、大海啸、大海潮，因此强台风的发生极易导致海水倒灌情况的发生。特别是当强台风遭遇天文大潮，那么就会导致极其严重的海水倒灌问题。

比如，2013 年 9 月，台风"天兔"登陆广东，登陆时中心附近最大风力有 14 级（45 米/秒），并以每小时 20~25 千米的速度向西偏北方向移动，并引发严重的风暴潮、大范围降雨，使得广东省东部沿岸海域出现 4~5 米的巨浪，汕尾沿海夜间出现 70~130 厘米的风暴潮增水，继而导致海水倒灌的情况。

2013 年 10 月 7 日，强台风"菲特"登陆，袭击浙江温州，飓风夹带暴雨，又适值天文大潮，以致造成多处海水倒灌，多地被淹。

2014年7月23日台风"麦德姆"袭击东台湾，致使大武地区涌起七八米高的长浪，冲击省道台九公路，造成南兴段、多良段交通一度中断。更为严重的是，"麦德姆"使得台东地区风强雨骤，而且大武气象站测得10级瞬间强阵风，南回海面上掀起一波波长浪。大浪冲击岸边时，掀起十几米高的碎浪，不时越过旁边的省道，其中南兴及多良路段，出现海水倒灌的情形，造成了极大的破坏。

次日，台风"麦德姆"袭击福建，受"麦德姆"的影响，连江县东岱镇岱江海水倒灌严重，导致该镇洪塘村低洼地带200多户村民受灾，过水面积达2万多平方米。

可见，台风对海水倒灌的影响是不容小觑的。而且，台风不仅仅是大风，强风骤雨常常伴随了一系列的次生灾害，造成巨大的海浪和海水冲击力，从而引发海水倒灌。所以，台风对海水倒灌的影响是很大的。

最后，季风气候和特殊的地形状况也会促使海水倒灌问题的发生。根据对海水倒灌地面的调查发现，季风气候和当地的地形状况对海水倒灌的形成也是有极大作用的。一般来说，海水倒灌往往会发生在这样两个地方。一个是季风气候内河流的入海口，一个是喇叭形河口处。

季风气候，是指由于海陆热力性质差异或气压带、风带随季节移动而引起的大范围地区的盛行风随季节而改变的现象。季风气候的主

要特征就是冬干夏湿。在夏季，伴随着夏季风的来临，云量增多，湿度加大，雨量猛增，这时进入雨季；冬季风来临时，则云量减少，湿度变小，雨量剧减，这时为旱季。因此，在季风气候内，夏季河水海水水位大致相等，冬季，河水水位下降，极易导致海水倒灌。

同时，喇叭形河口的地形，极易海水倒灌情况的形成和发展，往往会使海水倒灌的影响范围进一步的扩大。比如钱塘江大潮就属于这种状况。所以，季风气候的变化和特殊的地形往往会引发海水倒灌，造成海水入侵。

当然，造成海水倒灌是一个十分复杂的过程，是综合各种因素在各种条件的相互作用下形成的。因此，当上述这些因素同时具备的时候，就极易促使海水倒灌的情况发生。比如地势低平的沿海地区遭遇狂风巨浪，或是台风遭遇天文大潮等都会促使海水倒灌的情况出现。

另外，还需要注意的是，海水倒灌虽然是一种海洋地质灾害，自然因素起着十分重要的作用，但是人为因素也是不容忽视的。比如，地下水的过分开采，中上游农业、生产用水多，导致河流下游水量减少，水位下降，过度采沙，河床下降等都极有可能导致海水倒灌。所以，对于海水倒灌问题，我们还需要多方面地看待。

海水倒灌的多米诺效应

海水经由地表达到陆地，看似是一个无足轻重的问题，可实际上，海水倒灌的危害性是不容小觑的。在强大的自然作用力下，海水倒灌冲击陆地，对于陆地资源、淡水资源以及陆地上的一切都具有极大的杀伤力和破坏性。因此，对于海水倒灌问题，我们一定要引起足够的重视，小心海水倒灌的"多米诺效应"。

海水倒灌是一种海洋地质灾害，它的危害性和破坏性是极大的。虽然最初只是狂风暴雨、巨浪翻滚的表现，但是一旦海水倒灌，就会触碰产生一系列的连锁反应，也就是"多米诺骨牌效应"或"多米诺效应"。

那么，海水倒灌都会产生哪些危害呢？下面，就让我们了解一下海水倒灌的破坏力和杀伤力。

第一，海水倒灌对陆地水资源是一种极大破坏和污染。海水和陆地淡水资源相比，含有多种物质且含盐量高。一旦海水倒灌，入侵陆地水资源，就会使陆地水资源受到极大的污染，使陆地淡水盐碱化，给人们的生活日常用水造成困难。而且，海水倒灌污染陆地地表水和地下水，给人们的饮水安全造成威胁，使得人们一时间用水紧张。

同时，海水倒灌引发咸潮现象。咸潮，又称为"盐水入侵"，咸潮现象是一种天然水文现象，是由太阳和月球对地表海水的吸引力引起的。当海水倒灌的时候，海水和陆地淡水混合，会造成下游河道水体变咸，形成咸潮。咸潮的危害性是不容小觑的，它会严重威胁到淡水的水质。比如，2013年11月1日起，上海浦东新区长江口出现第一次咸潮。这次咸潮不仅时间比往年提早，且来势凶猛。长江口水闸外河氯化物浓度持续维持在650~1000毫克/升，最高达3000毫克/升。但是根据国家规定，水中氯化物含量超过250毫克/升的标准就不能用于自来水原水。显然，咸潮极大地破坏了淡水水质。

而且，淡水资源遭到破坏，出现盐碱化，还会给城市工业生产造成极大的威胁。因为，海水中盐度高，使用海水进行工业生产的时候，极易让生产设备氧化，从而减少工业生产设备的使用寿命，使城市工业生产遭受极大的损失。

第二，海水倒灌对陆地资源的破坏也是十分严重的。由于海水中氯化物含量很高，而氯化物超过1000毫克/升以上，土质就要板结，地表白茫茫一片。因此，海水倒灌常常会引起土壤土质恶化，导致盐碱地的产生，严重的时候，甚至使被海水倒灌的土地丧失利用价值，不得不被

人们遗弃，从而搬迁到其他地方居住。因此，海水倒灌是对陆地资源的吞噬和侵占，使得陆地资源越来越匮乏。长期发展下去，我们的陆地资源就会岌岌可危，我们赖以生存的家园就会面临消失的厄运。

第三，海水倒灌使农业及农产品遭受巨大的损失。海水倒灌，入侵陆地水资源，使陆地上水资源的氯化物普遍超标，而这些氯化物超标的水对土地进行灌溉的时候，极易造成农产品的减产。一般来说，水中氯化物含量超标，蔬菜就要减产。比如，氯化物超过 500 毫克/升，西红柿就会个头小、口感差、产量低、白菜就要烂心；超过 1000 毫克/升，黄瓜就要绝收，因此，海水倒灌对农业和农产品的冲击是极大的。

第四，海水倒灌会给人民的生命财产安全以及城市基础设施建设带来极大的杀伤力。从海水倒灌发生的自然因素来看，海水倒灌往往伴随着强风、暴雨、风暴潮等恶劣的天气状况。其中，强风对人们的生命安全和城市建筑会产生直接的杀伤力，暴雨和风暴潮也往往以可怕的气势和强大的杀伤力给人以致命的打击。所以，海水倒灌并不仅仅是水质污染和陆地土地板结和盐碱化的问题，它的杀伤力和破坏性是极大的。

比如，2013 年 9 月 22 日，强台风"天兔"登陆汕头，阵风达 10 级以上，又恰逢天文大潮，以致引发海水倒灌。当时，狂风裹挟着海水涌进汕头市，汕头老城区几乎全部受浸，水深达 1 米多，多处停电。汕头南澳岛也出现多处村庄被海水倒灌受浸。下午 6 时，国道 206 线汕头大学路安居工程等几处路段，也因为风暴潮、天文大潮海水倒灌，路面积水深度最深处达 1 米左右，浅处 70~80 厘米，路面交通暂时处于阻断状态。而且，22 日 0 时至 17 时，粤东沿海出现 47~207 厘米的风暴增水，汕头沿海出现超警戒 105~139 厘米的高潮位，其中汕头海门站出现 269 厘米实测最高潮位，超警戒水位 139 厘米，超历史实测最高潮位 7 厘米，为 50 年所未遇。据广东省三防办统计，截至 23 日，受"天兔"影响造成的全省死亡人数为 25 人，倒塌房屋 6542 间，直接经济损失 28.334 亿元。

　　第五，海水倒灌还极易造成城市的内涝，使城市环境遭受极大破坏。海水倒灌之后，大量的海水入侵城市，得不到有效的排泄，造成一片水城之景。这样，对于城市交通、环境卫生等方面都是极大的威胁和挑战。尤其是环境卫生方面，海水倒灌如洪涝灾害一样，也往往滋生疾病。

　　比如，2013 年 10 月 7 日，在强台风"菲特"的影响下，温州苍南出现海水倒灌问题，致使多人死亡，15 处堤防损坏，4 处决堤，冲毁塘坝87 座，13 个水文监测站被毁等，各类损失达 8.4 亿元人民币。同时，据调查，温州市平阳 80%城区被水淹，街道成河，给人民的生命财产安全以及城市基础设施建筑造成了严重的威胁。而且，大量的海水淹没城市，使得多种细菌病菌滋生，造成海水倒灌之后有大量的人面对疾病困扰的问题。

　　同时，海水倒灌对沿海港口的基础设施也有极大的破坏性。海水冲刷港口基础设施，会对这些基础设施造成毁灭性的打击，而且海水的高盐度也会对港口和工业基础设施产生破坏作用，如果不能得到及时的处理，就会使基础设施老化。所以，海水倒灌对港口设施的危害性是极大的，它不利于港口建设。

　　可见，海水倒灌往往会使我们付出惨痛的代价，遭受极大的损失。因此，在对待海水倒灌的问题上，我们一定要给予高度的重视。

急剧增加的城市人口不堪重负

随着经济的高速发展，在工业化和城镇化的推动下，越来越多的城市出现了人口爆炸式的增长，使一些大中城市不堪重负，从而导致了一系列的城市问题。其中，十分突出的一点就是急剧增加的城市人口使城市日益面临水资源的危机。

在城市经济的快速发展中，越来越多的人从乡村来到城市，来寻找自己的"用武之地"。而且，他们不仅要远离贫穷落后的农村，还打算在城市里安家落户扎根城市。加上城市本地人口的快速增加，城市的人口负荷可以说是越来越重。城市人口爆炸式增长以及由此带来的一系列问题已经成为城市发展的重大难题。

生活在城市中的人，大都有这样的体会：匆匆忙忙的人流，密密麻麻的人群，在大中城市是一道见怪不怪的风景。拥挤、拥堵的场景几乎发生在大城市的每一天，使城市的压力不堪重负，并由此出现了一系列的"城市病"。特别是在工业化和经济全球化的影响下，大量的人口在城市积聚，给城市带来一系列的问题。

首先，城市人口的急剧增加来自于城市的人口增长。计划经济时期，城市人口的增长主要是靠自然增长，而新时期，大规模的人口流动逐渐成为常态，其中大中城市成为流动的重点。

　　各地统计数据显示，大多数的大中城市近年来人口数量急剧增长。其中，在中国经济迅速腾飞、城市化快速推进的 30 多年间尤其突出。进入新世纪，我国城市化速度加快，使得流动人口在过去 10 年间增长了一倍。据有关统计，我国的流动人口在 2000 年还不足 1 亿人，2009 年已经到 2.11 亿人。其中从农村进入城市的人口达 1.57 亿人，约占现在整个城市劳动力人口的一半。近些年来，人口的急剧增加也比较明显。一年一度的、越发紧张的春运和节假日巨大的往返人流，就是这一数字的生动注脚。

　　同时，每年都有几百万的大学毕业生想留在大中城市就业或是寻找发展的机遇。这也使得城市人口保有量急剧上升。这些数量众多的大学毕业生有很大一部分留在了大中城市，使得大中城市的人口急剧增加。比如，北京、上海和广州。北京的地铁很挤，车很堵，生活压力很大，但这里有国家大剧院、鸟巢，有北大、清华，有故宫、长城……多年来，作为首都的北京，以其在经济、文化、医疗、教育、公共设施等方面的优质资源，吸引着无数人来到北京，而北京也以包容、开放和平等的姿态，成就了无数的"北漂"、创业者甚至"蚁族"的梦想。

　　也正是因为这样，人口学家常常用"人口爆炸"一词来形容某些国家和地区人口的急剧增长极

其危险的后果。确实如此，城市人口的急剧增长已经成为发展中国家的头号社会问题和经济问题，它不仅会使失业人数增加、犯罪率上升，对社会稳定与安全构成

潜在的危险，还会导致发展资金和粮食的短缺、资源滥用、环境污染和人类本身素质的下降。

其次，随着城市人口的急剧增加，使得城市的发展面临着一系列的问题和挑战。尤其是对于一些大中城市来说，急剧增加的城市人口已经使城市不堪重负，比如城市基础设施和公共服务跟不上人口增长的速度，交通、教育、医疗、保障性住房、公共安全等方面都面临巨大压力。

但是，这还不是最严重的。急剧增加的城市人口给城市造成的最严重的危害就是对城市水资源的巨大消耗浪费和污染。水资源是城市经济发展和人们生产生活的根本，是我们的生命之源，如果水资源出现危机，后果是极其严重的。可实际上，急剧增加的城市人口已然给城市水资源造成严重的威胁，使城市不同程度地出现海水入侵的问题。

据统计，从 20 世纪 50 年代起，我国城市人口已由 0.6 亿增加到 2.2 亿，城市年用水量由 6.3 亿立方米增加到 170 亿立方米。随着经济的高速发展，目前我国城市人口和水资源的矛盾已十分紧张。城市人口和水资源的矛盾有极大的危害性。比如，城市人口的急剧增加，使得对淡水资源的消耗迅速增加，使得淡水资源在短时间内得不到有效的更新和补给，从而给海水入侵提供了可乘之机。因此，急剧增加的城市人口给淡水资源的考验是极大的。

当然，从国际上来看，大中城市人口的快速增加造成的淡水资源危机并非中国独有。据调查，在快速城市化的过程中，人口迅速向大中城市聚集是一种规律性现象。城市人口的规模增长可以创造更大的集聚经济效益，但也是效益和风险并存。人口过盛、淡水资源紧张、海水入侵日趋严重等成为很多国家在城市化发展过程中面临的重大问题。

东京是日本国的首都，它也是世界上人口最多的城市之一。2010 年人口 3670 万，预计 2025 年人口达到 3710 万。这将给资源能源紧张的日本带来极大挑战，同时引发淡水资源的严重危机。

新德里是印度共和国首都，是印度国政治、经济和文化中心。据调查，新德里 2010 年人口 2220 万，预计到 2025 年人口达到 2860 万。而且，美国人口资料社发布的 2013 年世界人口数据报告显示，20 世纪 50 年代几乎还称不上是全球大城市的孟买和新德里，现在已跻身全世界人口最多的七大城市之列。而快速增长的城市人口给新德里的淡水资源造成十分严重的消耗和污染，带来了严重的淡水资源紧张问题以及海水入侵问题。

巴西圣保罗给人的印象是一派繁华的景象。从飞机上俯视这座南美洲现代化城市，高楼大厦鳞次栉比，宽阔的马路上车水马龙，全市 6.4 万条街道纵横交错，密如蛛网。但是，急剧增长的城市人口也给这座城市带来了极大的水资源问题。据统计，圣保罗 2010 年人口 2030 万，预计到 2025 年人口达到 2370 万。这个这无疑是巨大的数字，也给圣保罗的城市淡水资源需求带来了极大的发展压力和环境问题。

这些急速增长的城市人口都给城市的发展都带来了各种各样的问题和麻烦，使得城市的发展受到极大的限制和约束。尤其是对城市淡水资源的供需问题产生极大的考验，使得城市淡水资源日益紧张。

而且，急剧增长的城市人口使得淡水资源在使用的过程中产生了极大的浪费和污染。这使得城市淡水资源的供需矛盾更加严重。因此，在城市经济发展的过程中，我们要缓解海水入侵的问题，就一定要着手控制城市人口增长，要考虑到城市资源和环境的人口承受力，避免淡水资源的浪费和污染。只有这样，城市的淡水资源才能得到很好的保护和利用，淡水资源的更新和补给才能有充足的时间，海水入侵的问题也才能得到有效地缓解。

总之，人口是劳动力的来源，又是物质产品的消费者。但是，在一个特定的国家或地区，人口增长速度过快，超过该地区自然资源、经济实力、教育和其他服务设施以及创造就业能力的水平，就可能给城市的资源、环境造成一系列的问题。因此，城市人口的急剧增长对城市的发展乃至整个国家的发展都是一个严峻的考验和挑战。尤其是对一个城市的资源环境来说，急剧增加的城市人口会给城市资源环境造成极大的损耗和破坏。

大气污染和热岛效应是幕后黑手

随着经济的发展，城镇化和工业化的进一步推进，一些城市的海水入侵问题越来越严重，给城市经济的发展造成了极大的限制和束缚，给人们的生产生活也造成了极大的威胁。尤其是一些大中城市，海水入侵的问题更加严重。那么，为什么大中城市极易遭受海水入侵问题的困扰呢？

其实，大中城市遭遇日益严重的海水入侵问题和城市的大气污染、热岛效应是分不开的。城市的大气污染和热岛效应直接影响和干扰了城市的水文效应和水循环，从而给城市的淡水资源造成极大的破坏和污染。

那么，具体情况是怎样的呢？下面，我们就来具体看一下。

城市化水文效应是一个公众尚未熟知的概念，它是指在快速城市化区域，由于屋顶和硬质地面等不渗透面积的大幅增加，导致该地区的雨水汇流特征改变的现象，其表现为洪水总量增多，洪峰流量加大，洪水汇流时间缩短。简单说就是城市化产生的不渗透地面把本应渗入土中的一部分雨水给截留了，从而更易产生洪灾。

不良的城市水文效应给城市的水循环带来极大的障碍和阻力，极易引发城市内涝问题，更为严重的是会造成城市地下水循环的破坏，使地下水资源得不到及时的更新和补给，引发海水入侵问题，从而给城市的生产生活造成极大的不便。尤其是对大中城市来说，这种问题更加突出。

其实，这些问题和大中城市的特点及属性是紧密相关的。城市是以非农业和非农业人口集聚形成的较大的居民点，一般包括了住宅区、工业区和商业区。尤其是一些大城市，更是人口、经济、建筑的聚集地。其中，居民区、医院、学校、写字楼、商业卖场、广场、公园等，广泛分布在其中。这些大量的基础设施，虽然给人们的生活带来了极大的便利，但是也在无形中给环境带来了极大的压力，让城市的环境和郊区及农村的环境慢慢拉开了距离。

其中，城市化的过程增大了人类社会与周围环境间的相互作用。城市兴建和发展后，大片耕地和天然植被为街道、工厂和住宅等建筑物所代替，使下垫面的滞水性、渗透性、热力状况均发生明显的变化，集水区内天然调蓄能力减弱，这些都促使市区及近郊的水文要素和水文过程发生相应的变化，使城市水循环遭到不同程度的破坏。

同时，让我们感觉比较直观的变化，就是大中城市的气温往往会比临近郊区、农村的温度高。特别是我们往返于城市和郊区之间时，会明显地感到这样的变化。

城市与郊区的这种差异，是热岛效应在发挥着作用。所谓热岛效应，是指城市气温明显高于外围郊区的现象。一般来说，城市热岛效应会使城市年平均气温比郊区高出 1 摄氏度，甚至更多。夏季，城市局部地区的气温有时甚至比郊区高出 6 摄氏度以上。这样的"温度优势"对城市水循环的影响是极大的。

究其原因，是因为热岛效应使得城市的中心区区域附近温度变高，周边郊区和农村的温度变低，进而大气就会出现上升运动，形成一个低压漩涡。大气的流动总是由高压流向低压的，在城市热岛效应的影响和作用下，城市的水循环也会受到极大的影响。

城市的热岛效应还会加重城市污染。在城市热岛效应的影响下，大气郊区、农村以及城市外围排放的污染物就会向城中心聚集，大量的大气污染物聚集难以消散，从而使城市遭受更为严重的大气污染。

因此，城市上空集中了大量的大气污染物，这些大气污染物中的颗粒污染物会吸收大量的长波热辐射，再加上空气的流动性减弱，会严重影响热量在大尺度空间的扩散，从而加大了城市的热岛效应，进而形成一个恶性循环，对城市的大气循环质量造成极大的破坏。

城市的热岛郊应、凝结核效应、高层建筑障碍效应等的增强，使城市的年降水

量增加5%以上，汛期雷暴雨的次数和暴雨量增加10%以上。此外，地表不透水面积比重很大，地下满布着排水管道的市区，截留、填洼、下渗的损失水量很少，水流在地表及下水道中汇流历时和滞后时间大大缩短，径流系数和集流速度增大，使城市及其下游的洪水过程线变高、变尖、变瘦，洪峰出现时刻提前，城市地表径流量大为增加。如上海城市化后地表径流量增加20%~25%，为此增加了城市及其下游防洪、排涝的压力，使城市内的水循环造成极大的压力，从而极易引发海水入侵问题。

可见，城市热岛效应是一个十分严重的问题，牵扯到城市的大气循环和水循环。那么，是什么原因造成大中城市的热岛效应突出呢？

首先，城市的热岛效应受到城市下垫面特性的影响。城市内有大量的人工构筑物，特别是一些大中城市更多，如混凝土、柏油路面、各种建筑墙面等，会改变下垫面的热力属性。因为，这些人工构筑物吸热快而热容量小，在相同的太阳辐射的条件下，它们比自然下垫面（土地、绿地、水面等）升温快。

所以，其表面温度明显高于自然下垫面。对于一些大中城市来说，这种影响会更加突出。因为，和一般城市相比，大中城市的自然下垫面受到的破坏更加严重，更多的是人工构筑物，所以大中城市与近郊及农村的温差会更加明显，尤其是在夏季。

其次，人工热源的影响也是造成城市热岛效应的重要方面。一般来说，城市是一个区域的政治、经济、文化中心，建筑密集、人口集中，工业交通也往往要多一些。尤其是工业生产、交通运输以及居民生活都需要燃烧一定的燃料，每天都会向外排放大量的热量。而且，随着人口向城市的流动，城市化的发展，城市中的建筑、广场和道路大量增加，而城市中的绿地、水体则相应减少，使得它们缓解热岛效应的能力被大大削弱，从而使城市的热岛效应凸显。尤其是对大中城市来说，人口更加密集，工业企业产生的废物和热量更多，因此大中城市的热岛效应会更突出。

因此，城市常常会有热岛效应，而热岛效应又会加剧大气污染和影响水循环，使城市水资源遭到破坏和污染。

另外，城市工业废水和生活污水向河流排放；工业废气向大气排放后形成的酸雨，使天然水体受到污染，生态平衡遭到破坏，严重危及工业生产和人民生活。通常在枯水季节，河川径流减少，稀释能力削弱，水质更趋恶化。在城市化水平较高的地区，其下游水体一般都受到污染。天然水体水质恶化更加剧了城市水资源的紧缺。

总之，热岛效应和大气污染是造成城市水资源紧张、海水入侵的幕后推手，我们千万不能忽视。因此，在城市经济发展的过程中，一定要注重环境保护和科学合理地进行城市规划和建设。

过度开采地下水引发灾难

海水倒灌和海水入侵是一种灾害，尤其是对沿海地区来说，这种灾害是普遍存在而且危害极大的。然而，造成这一灾害的原因除了自然因素之外，最重要的因素是不良的人类活动。其中，过度开采地下水是导致海水入侵的重要方面。

过度抽取地下水引起海水倒灌的根本原因就在于地表水与地下水是一体的。虽然我们肉眼所见的情况似乎是地下水与海洋水相分离，但实际上它们是相互连接的。如果我们使用水资源的时候，过度开采地下水，地下水得不到及时的补给和更新，就容易形成空缺区域，海水就势必要反过来填补这个空缺，这就好像你用汤勺从碗里舀出一勺水，周围的水就会流过来填平它是一样的道理。所以，地下水的开采和使用一定要把握一个恰当的尺度。

其实，人类和海水的"争地运动"从未停止过。但是，最终结果往往倾向于海洋一方，使我们的陆地资源和水资源遭受损失。一方面，台风引起海潮暴涨漫没农田，另一方面，由于人们超采地下水，海水透过地下的漏空而渐渐侵入土壤，污染和破坏地下水。

比如，我国水资源总量的 1/3 是地下水，而全国 90%的地下水遭受到了不同程度的污染。可见，地下水的污染和破坏是十分严重的。

同时，我国从 2007 年末开始在沿海各省份开展海水入侵和盐渍化试点监测，包括广东在内的 11 个省份的沿海地区均发现入侵情况，发现不少区域出现水质下降、土壤盐渍化、耕种能力大为下降的情况。比如，山东莱州湾是我国著名的产盐区，也是我国海水入侵的重灾区。究其原因，是因为自 20 世纪 80 年代以来，当地居民过量开采地下水，造成地下水位下降而引发的。

而且，在人类以采集地下水、引海水养殖等方式孜孜不倦地大肆攫取水资源后，失衡的海水往往会以意想不到的方式"逆袭"。不仅如此，海水的进一步入侵常常又逼迫人们寻找更多的淡水资源，结果就形成了一个恶性循环。

　　据统计，由于社会经济快速发展，人口大量增加，近 50 年来，我国地下水开采量呈现逐年增长趋势，目前全社会水资源供需矛盾已经十分尖锐。新中国成立后，我国地下水资源开发利用迅速增加，20 世纪 50 年代只有零星开采，自 70 年代后开采速度明显加快。据中国地质调查局统计，20 世纪 70 年代，我国地下水年均开采量为 572 亿立方米；80 年代，增加到 748 亿立方米；到 1999 年已达 1058 亿立方米。近年来，这个数字一直在每年 1000 亿立方米以上。

　　相对于逐年增长的地下水开采量，我国地下水资源却十分有限。目前，我国北方地下淡水可采资源量为每年 1536 亿立方米，南方地下水可采资源量为每年 1991 亿立方米，均不到 2000 亿立方米。

　　也正是因为这样，随着人们对地下水的大肆开采，使地下水位严重下降，以至于海水入侵问题频发，抽出来的地下水变咸了，想要喝到干净的水需要打井的深度越来越深了。其中广东省湛江市就是一个十分明显的例子。据统计，从 20 世纪 80 年代开始，湛江市的很多乡镇打井的频率在不断增加，打井的深度也在不断加深。从一开始的几米，到几十米，而现在打的井却将近要 100 米。

　　另外，如果大量开采地下水，引发海水入侵的情况持续恶化的话，还会引发地面沉降，而后引发海水倒灌侵蚀大陆，使大陆变成孤岛、礁石，最后消失在大洋之中。

　　可见，过度开采地下水对海水入侵问题的影响是极大的。因此，在人类活动的

过程中，在进行城市建设的过程中，我们一定要科学地管理和使用地下水，向海水入侵宣战，避免海水入侵造成一系列危害。具体来说，主要可以从以下几个方面入手。

第一，有节制地开采水资源。我国地下水资源是十分有限的，而且地下水资源的更新和补给需要一定的时间。因此，在人类成长发展的过程中，为了避免地下水位下降，出现海水入侵的问题，就要注重有节制地开采使用水资源，严格控制地下水的开采量，量入为出。只有这样，地下水才有自我恢复和更新的时间，地下水才能保持动态的平衡。否则，地下水受到污染和海水的入侵，会对人们造成不容小觑的的危害。

同时，对于过度开采已经造成问题的区域，制定禁止开采区和限制开采区的保护规划，以恢复地下水的良性循环。

第二，节约用水。在使用水资源的时候一定要注意做到节约用水，避免浪费。水资源的储量是有限的，在使用水资源的时候如果不注意节约用水，那么就会无形中加大对地下水的开采量，从而造成海水入侵的潜在威胁。因此，在日常生活、农业生产以及城市的各项建设中，都要注意节约用水，珍惜水资源。具体来说，对于个人就要加强节水管理，对于用水量极大的工业就要提倡循环利用，提高水资源的有效利用率。

第三，支持截流、潜流和集雨工程。避免对地下水的过量开采，有效地减缓海水入侵，还可以支持截流、潜流和集雨工程，增加地表水蓄水量，增强地下水补给量，让淡水资源最大程度在内陆消化。这样，海水就能有效地被"拒之门外"。

第四，实施节水农业技术。实施节水农业技术是避免过量开采地下水，造成海水入侵的重要举措。因此，对于沿海城市的海水入侵问题，就要结合农业产业化结构调整发展节水型农业，大力推广灌溉新技术，以减少地下水的开采量。具体来说，灌溉新技术包括喷灌、滴灌、渗灌、渠道防渗、管道输水以及化地膜、生物地膜、新型抗旱剂和保水剂等，这些技术能够有效地提高水资源有效利用率。因此，对于沿海地区一定要注重实行生态农业，以节约水资源，避免浪费，以减少地下水的开采。

温泉洗浴加剧海水倒灌

随着经济社会的发展，人们消费水平的提高，城市中尤其是沿海城市温泉洗浴场所越来越多。可是，人们在争相享受惬意的同时，很少有人意识到，有时候这种消费其实是在助长地下水非法开采之风，一些温泉洗浴的不当开发将导致海水入侵和倒灌的形势更加严峻。

在城市发展的过程中，随着人们生活水平和生活质量的提高，温泉洗浴场所越来越多，可是容易被人们忽视的是温泉洗浴场所的设立是需要一定的地质条件的，而且温泉水的开采也一定要坚持科学、可持续的原则。否则，随随便便地设立温泉洗浴场所或是过度开采地下温泉水，都会造成极大的危害。

其中，对于沿海城市来说，就会导致海水入侵问题，从而污染和破坏地下水质，对陆地资源造成极大的破坏。

首先，温泉洗浴的地点是具有选择性的。因为，并非任何一个地点都适合建设温泉洗浴场所。它需要一定的地质条件和环境。可是，随着经济的发展，人们消费需要的产生，温泉洗浴的数量越来越多。而且，不管适不适合建设温泉洗浴场所，为了追求利益，也盲目进行建设。比如，有的沿海城市温泉洗浴场所密密麻麻，接二连三，有的甚至隔十多米就有一家温泉洗浴场所。但是，据调查，这些温泉洗浴场所大都缺乏科学依据，大都是没有选择性的盲目建设。显然，过量的温泉洗浴场所会造成地下水的大量开采，使地下水遭受到极大的破坏和污染。所以，日本《温泉法》规定，禁止在已有的温泉井周边100~150米之内挖掘新的温泉井，也是出于这样的考虑。

其次，温泉洗浴在地下温泉的开采和使用上也要注重科学性和可持续性。只有这样，温泉水才能得到持续利用，才能够不破坏和污染地下水，才能使地下水不被过度开采和使用，解决海水入侵问题。

但是，在实际生活中，随着城市经济的发展，不少沿海城市的温泉洗浴遍地开花，不只是数量多，这些个体的经营业主在管理上也存在很多问题，他们大都没有取得任何开采权。温泉属于一种国家所有的资源，个人是无权开采的，但是在一些沿海城市，温泉洗浴场所却遍地可见。而且，这些个体的澡池也没有任何部门前来监管，自己建造自己管理，基本处于自律状态，没有取得任何部门的相关证明和合法手续。

在一些沿海城市，存在着不少的无证开采矿泉水、温泉水的单位。这些单位有的虽然有土地部门开具的勘探证，却没有按照《地下水资源保护条例》及《水资源管理条例》要求，到有关的水务行政管理部门申领用水许可证。更为严重的是，有些沿海城市，比如大连，处于丘陵地带，地下矿泉水、温泉水开采大多需要挖掘到千米之下。而深层地下水开采是完全禁止的，因为深层地下水大多是不可恢复的，会破坏地质结构。深层开采矿泉水、温泉水必然会导致水位下降，加之有许多的温泉洗浴场所又靠近海边，更容易引发海水倒灌。如果任其发展下去，久而久之，就会造成地面沉降、海水入侵等一系列的问题。因此，不加选择地大肆进行温泉洗浴建设的危害性是不容小觑的。

另外，温泉洗浴场所普遍存在着温泉水浪费严重的问题。人们在进行温泉开采和使用的过程中，往往不注重温泉水的科学合理使用，总是会出现使用浪费的情况，这无疑会加大温泉水的开采，致使地下水位下降严重，造成海水入侵问题，加剧海水倒灌。比如，据了解，不管是大的度假村还是小的个体经营者，温泉水在使用完之后就直接排放掉了，而没有经过净化或是过滤之后再循环利用。但实际上，温泉水都是可以净化之后循环利用的，如果不经处理随意排放，甚至还会带来污染。

不仅如此，还有的温泉洗浴场所在开采地下温泉水的过程中，向外高价出售温泉水，致使地下温泉水遭受到极大的破坏。比如，在一些沿海城市，有不少温泉洗浴场所存在向外转供地下水的情况。但是，根据规定，取水用户是禁止擅自向外转供地下水的。因为，这种

情况会加大对地下水的破坏和污染，使地下水不堪重负，继而导致海水倒灌等一系列的问题。

还有，温泉洗浴场所普遍存在着过量开采地下温泉水的问题。随着经济的发展，面对人们快速增长的温泉洗浴消费需求，不少温泉洗浴场所为了追求经济利益，常常出现过度开采地下温泉水的状况。

因此，温泉洗浴场所存在着严重的地下水开采和使用不当的问题。这些问题在无形中加大了地下水的开采量，使得水资源面临着极其严峻的形势，潜藏着海水倒灌的危险。

那么，如何应对温泉洗浴场所对地下水造成的危害呢？具体来说，主要可以从以下几个方面入手。

第一，尽量选择去正规的温泉洗浴中心。随着人们生活质量和消费水平的提升，温泉洗浴越来越成为众多人的选择，但是众多的温泉洗浴场所为了追求经济利益也往往会出现过度或不当开采地下水的状况。因此，在进行温泉洗浴的过程中，我们一定要慎重选择温泉洗浴场所，尽量选择一些正规的温泉洗浴场所，避免去一些规模小、环境乱、不规范的场所进行消费。

第二，严格规范。为了避免沿海地区海水入侵的问题以及造成的一系列危害，对于温泉洗浴场所一定要严格规范，加强监督和管理，严格控制和规范对地下温泉水的开采许可证的颁发。这样，在严格的规范和管理之下，温泉洗浴场所才能够避免出现违规操作的问题。

第三，加大处罚力度。对于违规违法开采地下水的温泉洗浴单位一定要加大处罚力度，让其承担过量开采地下水的恶果，自觉地约束和限制自身的行为，使温泉洗浴的地下水开采坚持科学、合理、可持续性的原则。

　　第四，实施举报政策。对于一些违规的温泉洗浴场所，我们还可以积极地发动人民大众，实施举报政策，避免温泉洗浴场所出现过度开采温泉水、浪费温泉水的问题。

第五章
令人不寒而栗的群岛危机

在很多人的眼里，岛屿是地球上最美丽、最平静的所在，也正因为如此，岛屿成为人们梦寐以求的旅游、度假胜地。尤其是太平洋和印度洋，它们是岛屿聚集的地方，坐在飞机上从空中望去，这些群岛就如同"蓝宝石"一样镶嵌在海上，多得数不胜数。可是，这些群岛在经济发展、环境恶化的形势下，同样面临着生死存亡的巨大挑战和威胁，令人不寒而栗。那就是这些群岛多年之后，很可能被海水吞噬、淹没。

"喜怒无常" 的海平面

海洋是生命之源，也是一片蔚蓝的神秘地带，尤其是在海陆相接的地方，往往成为人们驻足欣赏的美景。在那里海风的吹拂，海浪的拍打，海平面的起伏，这一切都使得海洋成为充满魅力和风景的地方。

人们站在海边，看着起起伏伏的海面往往为之着迷，并生发出无限的遐思，诸多的思考。不过，却很少有人在欣赏这种美景的时候发现风景背后的危机，察觉到起起伏伏海面背后隐藏的海平面的"喜怒无常"。比如，它有时一平如镜，有时却波涛汹涌，看似不增不减，让人琢磨不定。

相信航行在大海中的人大都会有这样的一种体会，那就是大海是喜怒无常的，它说变就变。而且，这种变化时不时让人们遭遇危险。可其实，大海最喜怒无常的变化还在于"海平面"的上升。海平面的上升是最具杀伤力的，它看似没有海浪的汹涌，没有狂风的肆虐，但对人类生存发展的危害性却是最大的。这种危害就像是一种让人不易察觉的慢性毒药，会让我们在不知不觉中走向灭亡。

那么，喜怒无常的海平面到底是怎么样的呢？它真的会上升吗？真的会产生如此之大的杀伤力和破坏性吗？下面我们就一起走近海平面，了解一下海平面的动态。

海平面，是海的平均高度，指在某一时刻假设没有潮汐、波浪、海涌或其他扰动因素而引起的海面波动，也就是海洋所能保持的水平面。其中，海平面的一个重要特点就是海平面具有变动性。根据政府间气候变化专业委员会 2001 年的评估报告，20 世纪全球海平面平均每年上升 1~2 米。根据温室气体的不同排放情况看，全球海平面高度在 1990~2010 年期间已上升 9~88 厘米，但区域间的差异十分明显。2010~2025 年和 2025~2050 年期间全球海平面将分别上升 3~14 厘米和 5~32 厘米。

海平面变动是海水量、水圈运动、地壳运动和地球形态变化的综合反映，是地球演化的一个重要方面。因此，海水时刻在运动，海平面也在不断地变动。同时，这种变动有短期的，如日变动、季节性变动、年变动和偶发性变动等，其成因主要与波浪、潮汐、大气压、海水温度、盐度、风暴、海啸等因素有关，其升降幅度小，且常是局部的，也有长期的，即地质历史期间的海平面变动，其变动幅度大，是大区域性的，甚至是全球性的。

长期海平面变动引起的最直接后果是海侵或海退。具体来说，它造成海岸线移动、海陆变迁，对大陆架和海岸地貌、浅海与近岸沉积和矿产的基本特征产生很大影响，使海岸工程、港湾建

筑遭受侵袭或废弃，河道由于基准面变化或淤或冲。而且，海平面上升也会淹没海岸湿地和低地，加剧海岸侵蚀，增加盐水入侵强度等。

除此之外，导致海平面变动的还有很多其他的因素。具体来说，主要有以下几个方面的因素。

1. 冰川作用

一般来说，海平面上升是由于极地冰川融化、上层海水变热膨胀等原因引起的全球性海平面上升现象。但世界某一地区实际的海平面变化，还会受到当地陆地垂直运动这一缓慢地壳升降和局部地面沉降的影响，全球海平面上升加上当地陆地升降值之和，即为该地区相对海平面变化。因此，冰川融化是造成海平面上升的主要方面。因为，冰是覆盖在大陆上的，冰融化后必然会引起海平面的上升。据专家推算，如果面积 2500 多万平方千米的南极西部冰原融化消失，可能导致全球海平面在未来几百年内上升 3 米以上。

2. 全球气候变暖

根据历史资料统计，地球在史前时期发生了很多次的冰川期，冰川期过后的冰川融化常常会导致海平面升高，而造成这一状况的主导因素就是因为全球气候变暖。所谓全球气候变暖是指全球气温升高，据统计近 100 年来，全球平均气温经历了冷—暖—冷—暖两次波动，而且总的看还处于上升趋势。进入 20 世纪 80 年代后，全球气温更是有明显的上升。比如，1981~1990 年全球平均气温比 100 年前上升了 0.48℃。而全球气候变暖就会导致全球降水量重新分配，冰川和冻土消融，从而造成海平面的上升。所以，全球变暖是造成海平面升高的重要因素。

同时，导致全球变暖的主要原因是人类在近一个世纪以来大量使用矿物燃料（如煤、石油等），排放出大量的二氧化碳等多种温室气体。由于这些温室气体对来自太阳辐射的可见光具有高度的透过性，而对地球反射出来的长波辐射具有高度的吸收性，也就是常说的"温室效应"，导致全球气候变暖。

另外，到 2100 年为止，全球气温估计将上升大约 1.4~5.8 摄氏度。根据这一预测，全球气温将出现过去 10000 年中从未有过的巨大变化。而且，据世界上许多国家的科学家预测，未来 50~100 年人类将完全进入一个变暖的世界。由于人类活动的影响，21 世纪温室气体和硫化物的气溶胶的浓度增加很快，使未来 100 年东亚地区和我国的温度迅速上升，而全球平均地表温度将上升 1.4~5.8 摄氏度，这些变化无疑会给全球环境及海平面状况带来重大影响。

3. 大规模强烈的潮汐影响

到过海边的人都知道，海水有涨潮和落潮现象。涨潮时，海水上涨，波浪滚滚，景色十分壮观；退潮时，海水悄然退去，露出一片海滩。这是十分正常的景观。但是，如果受到大规模的强烈的潮汐影响，也会对海平面有细微的影响。

4. 厄尔尼诺现象的影响

厄尔尼诺是热带太平洋的海水和大气相互作用而产生的气候异常现象。这种现象的发生会改变传统的赤道洋流和东南信风，而洋流与信风有着密切的联系，海水的流动发生变化，海平面高度自然也会发生变化。因此，厄尔尼诺现象往往会造成海平面的升降变化。

另外，地壳变化也是不容忽视的，虽然说地壳变化对绝对海平面变化基本没有影响，但是对相对海平面的局地变化却是很重要的影响因素。

可见，导致海平面上升的因素是十分复杂的，是多种因素相互作用的结果。同时，海平面上升产生的影响也是不容小觑的。具体来说，海平面上升造成的影响，首先会使自然生态发生变化。其次，也是最重要的影响就是海陆关系的变化。

海平面上升是由全球气候变暖导致的海水热膨胀、冰川融化和地面沉降等一种长期的、缓发性灾害。而海平面上升，会淹没一些低洼的沿海地区，变"桑田"为"沧海"，会导致风暴潮致灾程度增强，使海水入侵距离和面积加大，潮差和波高增大，加重海岸侵蚀的强度，加剧河口区的咸潮入侵程度。

所以，海平面上升往往会引发岛国危机，给我们赖以生存的家园造成极大的威胁。据专家推测，两极冰块大面积融化，海平面上升，将会使生活在沿海的占世界 1/3 的人口无家可归，世界许多港口城市将淹没于一片汪洋之中。因此，海平面的升降问题是需要特别注意的。

濒临消失的美丽沙滩

在海洋风景中，沙滩一直是人们十分钟情的场所。在这里，赤着脚，人们可以尽情地享受海水、沙滩、阳光带来的海滨体验。但是，随着海平面的上升，这些美丽的海滩也日益面临着严峻的危机和挑战。也就是说，随着海平面的上升，与陆地资源不断锐减的情况类似，沙滩也面临着消失的厄运。

据研究和统计，科学家断言在 21 世纪末，海平面会上升 3~3.6 米。

这个数字是不容小觑的。要知道，海平面每上升 2.5 厘米，沙滩就会平均减少 1 米。按照这样的速度，对一些本来地势低平的沙滩来说，无疑是致命的。因此，海平面的上升对沙滩的存在是一种很大的威胁，我们千万不能忽视。尤其是在不良人类活动的参与下，沙滩所面临的生存形势越来越严峻。

那么，哪些沙滩正面临着濒临消失的危险呢？下面，我们就来一起看一下。

首先是泰国的芭提雅海滩。芭提雅海滩又称帕塔亚海滩，有东方夏威夷之称。它位于印支半岛与马来半岛之间的曼谷湾，西距首都曼谷154 千米。这里海滩长达 10 千米，沙白如银，海水清净，阳光灿烂，是优良的海滨浴场。海滩附近到处是热带树木和椰林，表现出浓郁的东方热带风光。而且，芭提雅海滩上还建有许多造型别致的旅馆和游乐设施，供游人水上活动和度假休养。

但是，随着全球气候变暖，海平面的上升，泰国芭提雅海滩正面临消失的危险。整体上，从泰国的位置上看，泰国位于亚洲中南半岛中南部，东南临太平洋，西南濒印度洋，疆域是沿克拉地峡向南延伸至马来半岛，与马来西亚相接，其狭窄部分位于印度洋与太平洋之间。这种位置显然受海洋的影响因素较大，海平面的升降也直接关系到泰国的生存和发展。

同时，从地形上看，以曼谷为分界线，由曼谷以北，地势逐渐缓升，曼谷以南为暹罗湾红树林。红树林地域在涨潮的时候就会没入水中，退潮后就会变成红树林沼泽地。而且，曼谷位于湄南河三角洲，距离暹罗湾 40 千米，离入海口 15 千米，离芭提雅海滩 154 千米，平均海拔不足 2米。由此可见，芭提雅海滩的地势是比较低洼的，加上芭提雅海滩坡度平缓，所以芭提雅海滩极易受到海潮的影响。如果全球气候变暖，海平面上升到一定位置，那么芭提雅海滩就会面临极大的被海水淹没和吞噬的危险。

其次是牙买加的尼格瑞尔海滩。尼格瑞尔海滩是世界十大著名海滩之一，它的天气是极棒的，而且常年不变。而且，令人吃惊的是，在整个 10 月的飓风季节里，尼格瑞尔海滩不会受到任何影响。同时，这个海滩有着 27 千米的非常迷人的白海滩，沿着海岸线开设的餐馆有一种宁静的气氛，往往令人感到心神宁静。另外，牙买加的夏季更吸引人，因为海滩上没有拥挤的游客，旅馆的入住率要比冬天低 30%。傍晚的时候，还可以欣赏到被称作是世界上最壮观的加勒比海落日。

但是，这片美丽而宁静的海滩在海平面的上升过程中也难逃被淹没的厄运。因为，尼格瑞尔海滩地势平坦，极易受到海水涨落的影响。所以，面对全球变暖的严峻形势，如果不能采取有效的措施，尼格瑞尔沙滩的前景是不容乐观的。

再次，墨西哥的坎昆海滩也面临着十分严峻的形势。坎昆是墨西哥著名的国际旅游城市，是一座长 21 千米、宽仅仅 400 米的美丽岛屿，而且整个岛屿呈蛇形，从高空俯瞰，它宛如万顷碧波中游动的一条水蛇，因此，这个美丽迷人的小岛备受人们的喜爱。其中坎昆海滩更是世界上著名的十大海滩之一，被人津津称道。它位于加勒比海畔，三面环海，全年平均气温 27.5 摄氏度，日照丰富，阳光明媚。而且，坎昆海

滩海水清澈，沙滩白色细软，行走在上面让人感觉十分的舒适。

不过，就是这样一个风景秀丽的岛屿，一片美丽迷人的海滩却正面临着被海水吞噬淹没的风险。气候的无常，海平面的上升都给这个度假天堂以致命性的打击。在2005年和2009年的两次飓风中，坎昆就失去了一大半的沙滩，都被海水淹没。为此，2009年，政府耗资2000万美元，从其他地方运来更多的沙子倒入坎昆的海湾。为此，2010年联合国气候大会在墨西哥坎昆举行，共同探讨全球气候问题以及气候变暖带来的生存危机，强调捍卫《京都议定书》，以积极地应对全球气候变化。

其实，很多年以前，坎昆只是一个寂寞渔村，静静地坐在加勒比海被遗忘的角落。海岸边有大片郁郁葱葱的红树林。可是，20世纪60年代开始，坎昆开始如火如荼的造城运动，大片的红树林被挖掘、拖走，狭长的半岛上划出了专门的酒店区，整个城市在快速膨胀着。虽然说这些举措使坎昆成为一片秀丽的风景，但是红树林的挖掘和大肆破坏给坎昆海滩的存在造成了极大的威胁和挑战，使得坎昆海滩被淹没的风险日益加大。而且，为了解决酒店的淡水饮用问题，人们大肆开采地下水，使得地下水水位严重下降，地面沉降问题突出。

所以，坎昆海滩的前景是不容乐观的。加上全球气候的恶化，海平面的上升，使这个位于加勒比海中的小岛正面临着前所未有的考验和挑战。

除此之外，美国夏威夷群岛的威基基海滩、加利福尼亚州的圣巴巴拉海滩、佛罗里达州的迈阿密海滩等众多美丽的海滩也面临着严峻的形势，遭遇着被海水淹没的尴尬和窘境。尤其是夏威夷群岛的威基基海滩，更是如此。

在魅力四射、风光无限的度假胜地夏威夷，最具代表性的海滩当属威基基海滩，这处在猫王的歌曲中被传颂、在杰克·伦敦的小说里被铭记的海滩，俨然成为夏威夷黄金海岸线上最著名的象征。

威基基海滩地处欧胡岛上火奴鲁鲁（又称为檀香山）的东南方沿岸，东起钻石山下的卡皮欧尼拉公园，一直延伸到阿拉威游艇码头，长度约为 1.6 千米，面积还不到欧胡岛的百分之一。

威基基海滩虽然只是个弹丸小地，可它每年的观光收益高达 50 亿美元，占了夏威夷全州观光收入的 45%，是夏威夷最具动感活力的激情海滩。

另外，威基基（Waikiki）在夏威夷语中的意思是"喷涌之泉"（spouting water），在英国探险家库克船长于 1778 年发现夏威夷之前，威基基海滩不仅是夏威夷王族的御用戏水领地，也是夏威夷海滩人从事农耕作物的中心。当时的威基基海滩是一片湿地，盛产水稻和芋头，也为海滨居民供应食用的贝虾等有壳海鲜。20 世纪 20 年代，为了修建阿拉怀运河，威基基海滩的积水被排干，沼泽变为干地。20 世纪 60 年代，威基基海滩得到了美国中产阶级的青睐，纷纷投资发展这块宝地，大规模的进行旅游开发和兴建酒店。得到了迅速发展的威基基海滩，如今已经成为闻名全球的旅游度假胜地。

也正是因为这样，威基基海滩在大量人类活动的参与下，在全球变暖、海平面逐年上升的过程中，越来越面临着被海水吞噬和淹没的风险，越来越走向消失的边缘。所以，在人类活动的过程中，我们一定要注重自身活动的生态性、环保性和可持续性，尽量避免不良人类行为对陆地资源的破坏，尽量减缓全球气温变暖，遏制海平面上升的步伐。只有这样，这些美丽的海滩才不会消失，才能够永远陪伴在人类的身边，装点着大自然的美。

面临举国搬迁的图瓦卢

在美丽的南太平洋上，"镶嵌"着许多风景绮丽的岛国，人们将它们形象地比喻为"一串璀璨的明珠"。而在这串璀璨的"明珠"中，位于斐济以北的图瓦卢便是其中让人瞩目的一颗。然而，在极端天气以及海平面逐年上升的情况下，图瓦卢正面临着被海水吞噬的威胁，遭遇着举国搬迁的尴尬。

这不是危言耸听，也不是无稽之谈，图瓦卢面临的形势和遭遇的困境是不容忽视的。下面，我们就一起走进图瓦卢，详细了解一下图瓦卢的生存境遇。

图瓦卢位于南太平洋，由 9 个环形珊瑚岛组成，南北两端相距 560 千米，由西北向东南绵延散布在夏威夷和澳大利亚之间约 130 万平方千米的海域里。这些岛屿面积狭小，地势低洼，海岸线长 24 千米，面积约 26 平方千米，是仅次于瑙鲁的大洋洲第二小国。而且，岛屿最高的地方不超过海平面 4.5 米。但是，这里的风景却是独一无二的。从高空俯瞰，一弯微笑般的白色涟漪呈现在南太平洋平静的面容上，让人赏心悦目。而且，随着观看高度的逐渐降低，这弯微笑般的白色涟漪会逐渐变成一抹平地，狭窄的、长长的土地就像是放进大海中的一根"钢丝绳"，直到降落到地面的最后一刻，狭小的陆地才从海面上显现出来。

　　同时，来到这里的人们到这里第一眼看去，就能领略到一派典型的热带岛国景象：穿着蓝色衬衫的警察光着脚走在街上，孩子们在珊瑚礁围成的湖中嬉戏，渔夫们用网捞上新鲜的金枪鱼，下午时光中，人们常常在吸烟、品尝酸椰汁和小憩中度过。在很多人眼里，图瓦卢真的像一个"世外桃源"。

　　然而，图瓦卢的风景更多的时候让人有些心惊胆战。图瓦卢是一个几乎与世隔绝的地方，这里没有铁路，仅有一条4.9千米的公路，并以水运为主。如果你走在这条图瓦卢仅有的马路上，多多少少都会让人感觉心里不踏实。因为，这条公路和狭长的岛屿一样，横穿在海洋的中间。站在马路上，往左边看是波涛汹涌的大海，往右边看还是波涛汹涌的大海。而且，时不时地马路中间的洼地里还会冒出一摊海水来，在上面走着，总会有一种一不小心就会跟马路一起沉下去的感觉。同时，图瓦卢首都富纳富提有深水港，而富纳富提环礁长约20千米，平均宽度只有二三十米。有时候，只需一个两三米高的海浪，就能将这里从头到脚给彻底洗个"澡"。

　　而且，据当地人说，天黑的时候尽量不要出来，因为一不小心就会

掉到海里去。因为，图瓦卢实在太小了，地形又太平坦，涨潮时很多地方都会被海水给吞没，甚至包括岛中央的马路。而且，大潮时一个海浪扑过来，就会直接冲过海岛流到另外一边，整个人也都会被海水打湿。可能

也正是因为这样，图瓦卢人的房子往往有点像我国南方的竹楼，就是房子用十几根长长的柱子支撑起来。

可见，图瓦卢的生存条件是比较原始且脆弱的。但是，最让人担心和忧虑的是，图瓦卢在海水的环抱之中，面临的境遇十分危险。巨大的海浪对于狭小而地势低平的图瓦卢来说，危害性是极大的。据统计，侵扰图瓦卢的最大巨浪可达 3.2 米，而图瓦卢海拔最高点也只有 4.5 米。所以，图瓦卢面临的形势是十分严峻的。尤其是在全球变暖和海平面逐年上升的大环境下，图瓦卢的危险更是与日俱增。

同时，美国华盛顿地球政策研究所也发表了一份不仅令图瓦卢人民，也令很多关心人类命运的人闻之心焦的"讣告"：由于人类不注意保护地球环境、保持生态平衡，由此造成的温室效应导致海平面上升，太平洋岛国图瓦卢的国民将面临灭顶之灾。唯一的解决办法就是全国大搬迁，永远离开这块世世代代居住、生活的土地。

这份"讣告"无疑是令人痛心的。然而，事实又是确确实实的。由于全球变暖，导致极地冰川融合、上层海水变热膨胀，引起了全球性海平面上升现象，这些使得海拔较低的岛国图瓦卢日渐沉没。

其中，图瓦卢首都富纳富提就面临着严峻的形势。富纳富提位于该国的一个主岛上，据监测，该岛周围海平面平均每年上升 5.6 毫米，是联合国气候变暖国际小组估计的全球海平面上涨幅度的两倍。由此，在富纳富提的最北端有一座炮台，它是美军在"二战"期间架设的，现在离海边却只有 6 米。在岛南端，有一座临海的会议大厅，这里曾经是小岛的中心。

同时，从 1993 年至 2009 年的 19 年间，图瓦卢的海平面总共上升了9.15 厘米，图瓦卢瓦伊图普岛的海滩向后退了 3 米，努库费陶环礁附近的一座小岛已经被淹没，现在海水正吞噬着小岛残存的 1/3 陆地。如果按照这个数字推算的话，50 年后，海平面将上升 37.6 厘米，这意味着图瓦卢至少有 60%的国土将沉入海中。

而且，除了整个岛群被海水完全吞没这种可怕的前景，还有就是当地人正在经历的极端气候。受全球气候变暖的影响，图瓦卢近些年来遭受了越来越频繁的龙卷风和破坏性巨浪的袭击，从前巨浪和风暴往往在 11、12 月份出现，但如今它们可能随时降临。图瓦卢这个国名也越来越名不副实，一些岛群已经不复存在，目前图瓦卢 9 个环形珊瑚岛就只剩下 6 个了。

在短期内，恶劣的天气会带给图瓦卢人民直接的威胁。由于大气温度的上升，降雨量会增加，雨势也会增强，雨停后，高温使地表水很快蒸发。这样，大旱和大涝将频繁发生。一些科学家预测全球变暖会加剧厄尔尼诺现象的强度，由此产生的飓风会给图瓦卢带来更大的灾难。由于图瓦卢的主体部分由海底活火山喷发形成，没有大陆架和浅滩分散海浪的能量，所以，即使很远的风暴也能影响到它。

另外，图瓦卢的整个国土都是由珊瑚礁组成，而全球气温变暖导致珊瑚的生长速度减慢甚至大量死去，被珊瑚礁托起来的图瓦卢也会因此而下沉。虽然说，图瓦卢和其他环礁会不断有新的珊瑚礁得到补充，但是大量的二氧化碳融入海水，会减缓珊瑚礁的生长，同时杀死许多的珊瑚种群，致使海岸线变得更加脆弱。

因此，图瓦卢的境况是十分危险的。2000 年 2 月 18 日，生养图瓦卢人民的大海就给了他们一次可怕的预演。在那一天，该国的大部分土地被海水淹没，首都机场及部分房屋都泡在了汪洋大海之中。后来，2001 年 11 月太平洋岛国图瓦卢领导人在一份声明中说，他们对抗海平面上升的努力已告失败，该国居民将逐步撤离。而且，图瓦卢总理上报联合国时说，全球变暖的威胁无异于"一场潜藏的、滋生且蔓延的恐怖主义"。

可见，图瓦卢人们的生存家园已然危如累卵。然而，造成这一切的主要诱因就是矿物燃料排入大气中的大量二氧化碳，导致了全球变暖。与此同时，图瓦卢人民对岛屿生态环境的破坏，大量开采礁石、沙砾和沙土用作建筑材料等行为也是造成图瓦卢覆灭的重要原因。所以，面对陆地资源的危机，为了我们赖以生存的家园，我们一定要引以为戒，抵制环境污染和生态破坏。只有这样，我们的家园才会为我们提供长久的栖身之所。

日渐萎缩的迪拜世界岛

大自然鬼斧神工的造化往往令人们称奇，但是人类活动的作品有时候也毫不逊色。其中，被誉为"海湾明珠"的迪拜世界岛就是一项人类活动的伟大作品。然而，迪拜世界岛和其他的群岛一样，在全球变暖和海平面上升的背景下，也遭遇了极大的危机，面临着被自然吞噬的危险。下面，我们就来一起看一下。

迪拜世界岛（The World Islands）是世界上最大的人造海岛，岛上设有酒店以及各种休闲旅游设施，整个工程项目的规模堪称现代"世界第八大奇迹"。从位置上看，"世界岛"位于阿联酋迪拜沿岸，坐落于阿拉伯半岛中部、海湾地区中心的迪拜市，每个岛屿的面积从 2300 平方米到 8360 平方米不等，相邻岛屿之间隔着 50~100 米宽的海水。而建造这一地理奇观的目的就是用 300 个形状模仿世界各大洲的人工岛屿，组成一个微缩版的地球。

世界岛从 2003 年 9 月开始建设，由迪拜 Nakheel 集团负责，是该集团负责的大型地产项目中最引人注目的一项。该集团在具体选址上将世界岛选在了位于迪拜海岸 4 公里处一块长 9 千米、宽 7 千米的海域内。作为世界上最大的人造海岛，对于这片海域的投资建设也是十分惊人的。世界岛项目用了 3000 万吨岩石和 3 亿立方米的沙，没有任何人造或化学材料，其中岩石来自阿联酋各地的采石场，而沙子就取自迪拜。世界岛的总面积也可圈可点，约合 557 万平方米，而且每座小岛没入水下 16 米，露出水面 3 米。同时，因大小和位置不同，售价从 350 万英镑到 2000 万英镑不等。

另外，世界岛的 250 座面积不等的小岛都是经过精心设计的。这些小岛的形状，会组成一个国家或一个地区的形状，并以这些国家和地区的称谓来命名。因此，购买小岛的投资者可以买下整个"美国"，也可以买下"爱尔兰"，可以安排土地作私人或商业用途，也可按照自己的需要和喜好建造适当的建筑。这样，来自不同国家的投资者都可以按照自己

的意愿，按照岛屿的位置在上面建造相应的充满各国特色的主题建筑，或者建造一些历史遗迹或建筑的复制品。但是，各个岛屿上面建筑物的建筑高度有一定的限制，

以免破坏世界岛的"地图"效果。

就交通而言，世界岛各岛屿之间不提供陆路交通，完全依靠海上交通和直升机，以此确保各岛的独立性。而且，世界岛是一个与陆地不相连的孤岛群，以便让岛上居民拥有一个远离喧闹尘嚣、清新脱俗的世界。而且，世界岛还拥有一片约1平方千米的沙滩，供人们平时的休闲以及享受海滩风光。

同时，和棕榈岛一样，世界岛也是迪拜王储穆罕默德·本拉希德·马克吐姆大胆设想的一个创意。他对世界岛的开发前景充满信心，说投资者们一定会抢着来"瓜分"世界。刚开始的时候，也确是如预料的那样，各国富豪名流对人工岛趋之若鹜，都愿意花费巨额资金，在"世界地图"上分得自己的一杯羹。2000套豪宅在2002年推出时非常抢手，一个月内就全部卖光。

可是，随着工程进度的推进以及后续开发问题的凸显，世界岛的开发由于各方面的原因却被搁置了下来。而且，更为严重的是，耗资近30亿美元的巨大的世界岛正在下沉，正在面临着被海水淹没和吞噬的危险。

据报道，2010年1月13日，美国宇航局派出的国际空间站远征队第22小组一名队员在太空中拍下了迪拜世界岛的照片，当时该队员使用的是焦距为400毫米的尼康D2XS相机，价值3000英镑。为了突出景物，他增强了照片的对比度。照片显示，世界岛上的各个部分并没有按照设计者所想充分舒展开来，而是互相挤在一起并在逐渐互相靠近。根据精确的测量和仪表观察，宇航员还发现这幅"世界地图"呈现出日益缩水以及下沉的趋势，并非和原计划中一样完美。而且，世界岛部分岛屿由于停工的原因也已经淹没于海水之中。

不仅如此，英国媒体对此有所论述，英国媒体援引一宗房地产官司的证据称，这幅人造的"海上世界地图"正逐渐被海水淹没。如今世界岛上的沙土正逐渐沉入海水中，遭到腐蚀和损毁，连接各岛之间的航道也渐渐淤积。因此，目前世界岛上只有一座"格陵兰岛"似的岛屿无人居住，该岛暂时被迪拜政府留作示范。而其他大多数岛屿上的工程都已经由于开发商遭遇债务危机而停工。

因此，迪拜世界岛成为一个非常尴尬的人造群岛。那么，到底是什么因素导致世界岛下沉、海水蔓延呢？

其实，根本上来说还是由于全球气候变暖，海平面上升造成的。从世界岛上岛屿的规模、格局，我们可以发现，它们位于长9千米、宽7千米的海域内，只有数千平方米的大小，且海下深度16米，海上高度3米。这样面积狭小、海拔较低的岛屿矗立在海域内其实是很危险的。伴随着巨大的海浪、潮汐作用，在不断上升的海平面影响下，海水很容易入侵岛屿，使海岸遭受腐蚀、冲击，让岛屿面临被淹没的危险。

而且，填海造岛，大规模的海上施工，如果不注重海洋生态环境的保护，就极易引发海洋的极端恶劣天气，从而给海拔较低的岛屿造成极大的打击和破坏。

因此，迪拜世界岛的下沉，从另一个侧面反映了全球变暖、海平面上升的严峻形势，以及生态环境破坏造成的极端恶劣天气对群岛的影响。为此，我们的人类活动一定要注重生态、科学、环保，减缓全球变暖的步伐，科学合理地利用自然、改造自然，为人类谋福祉。只有这样，人类活动的成果才能切实发挥作用，人类赖以生存的家园才能得到切实的保障。

"天堂岛"马尔代夫的消失厄运

在广阔的印度洋上，一个个如花环般的小岛星罗棋布，犹如从天际抖落下的一块块翡翠。其中，碧蓝的海水，清澈如镜，岛的宁静和海的清澈，宛然构成了一个现实的童话。而马尔代夫就是最耀眼的一颗。众多小岛构成了马尔代夫一个个闪耀的风景。然而，马尔代夫群岛的美丽也是比较脆弱的，它们正在遭受被海水淹没和吞噬的危险。下面，我们就来一起走进马尔代夫天堂般的岛屿，了解一下马尔代夫面临的厄运。

马尔代夫是个奇特的国家，这个位于印度半岛南边、斯里兰卡西南方的度假胜地，由 26 个珊瑚环礁组合成 1192 个小岛，全国土地面积只占了 4%，其余的全都是海洋。但是，到过马尔代夫的人往往都会以"似天际抖落的翡翠"来形容马尔代夫的地貌，也有人把它喻为印度洋上最美丽的花环。而事实上，马尔代夫由梵文 Malodheep 演变而来，就是花环的意思。也正因为这样，马尔代夫又被誉为"上帝抛洒人间的项链"。

而且，马尔代夫群岛在印度洋宽广的蓝色海域中，是一串如同被白沙环绕的绿色岛屿，在这蓝、白、绿的交相辉映中，人们又把马尔代夫誉为"印度洋上最色彩斑斓的乐园"。当然，也有人形容马尔代夫是一串珍珠，或是一片碎玉。其实，这两种比喻都是贴切的，白色沙滩的海岛就像是一粒粒珍珠，而珍珠旁的海水就像是一片片的美玉。

　　这些比喻和称谓对于马尔代夫来说，是实至名归的。如果我们从高空俯瞰马尔代夫，就会看到各个岛屿星罗棋布，而且它们各具特点，各有千秋。其中，让人印象比较深刻的有：天堂岛、双鱼岛、太阳岛、梦幻岛等岛屿。这些岛屿上最有特色的当属热带鱼、水上屋和海底餐厅。

　　种类繁多的热带鱼是马尔代夫留给人们最直观的印象。有人说："99%晶莹剔透的海水+1%纯净洁白的沙滩=100%的马尔代夫。"千万别惊讶，因为这里是海洋的世界，是鱼类的故乡。

　　同时，到了马尔代夫不能不住那里的水上屋，因为如果说马尔代夫1000多个岛屿犹如颗颗钻石镶嵌在碧蓝的大海上，那么水上屋就是这些钻石上的名片。由于水上屋直接建造在蔚蓝透明的海水之上，住在其中，不仅能饱览海里五彩斑斓的热带鱼、鲜艳夺目的珊瑚礁以及岸边雪白晶莹的沙滩、婆娑美丽的椰树、返璞归真的茅草屋，还能聆听清亮的海鸟鸣叫。

　　水上屋的魅力还来自于其近乎原始的建造方式，因为每间屋子都是独立的，斜顶木屋的样式，原生态的草屋顶，依靠钢筋或圆木柱固定在水面上。屋子距离海岸大约10米，凭借一座座木桥连接到岸边，有的水上屋更为浪漫，没有木桥连接，而是靠船摆渡过去。

　　另外，海底餐厅也是不可错过的一道风景。马尔代夫海底餐厅在海平面以下6米处，外层是透明的有机玻璃，四壁被颜色艳丽的珊瑚礁环抱，各种海洋生物在珊瑚间穿梭往来。因此，在这里就餐的人，可以在就餐的同时透过玻璃观赏外面的热带鱼和珊瑚礁，就好像置身于鱼缸内，而鱼则在外面向里看。

　　当然，被海洋包围的马尔代夫，潜水也是一种绝好的体验。只要一副蛙镜、呼吸管、蛙鞋和救生衣，就可以伏浮水面，群起乱舞、炫眼夺目的鱼儿也就尽在眼底了。还有，在被海洋环绕的马尔代夫，欣赏落日，看着最后一道阳光平和安详地沉落在印度洋里，鲜艳的橘红色夕阳，将云和海染成同样的橘红色，耳际还飘来一曲古典乐，所谓偷得浮生半日闲，也不过如此。

　　可见，马尔代夫的风景是十分美的，蓝天、阳光、海洋、沙滩……使得马尔代夫成为无数人旅游度假的"人间天堂"。但是，美丽的马尔代夫也面临着极大的威胁和挑战。在全球变暖的形势下，海平面持续上升，这对马尔代夫这个岛国来说无疑是致命的。加上马尔代夫群岛的平均面积仅为 1~2 平方千米，地势低平，平均海拔只有 1.8 米。就是说，马尔代夫的最高点也是世界上所有国家中最低的。而且，马尔代夫有 80% 的国土海拔低于 1 米。对此，据专家推测如果联合国对全球暖化下海面上升速度计算准确的话，最快一个世纪这些岛屿将被海水逐一吞噬。

　　不过，马尔代夫是由珊瑚环礁组成的群岛，在全球变暖、海平面上升的过程中，珊瑚礁也在快速地生长。研究人员指出，在一般情况下，珊瑚礁的生长速度应该赶得上未来 100 年海平面上升的速度，但有两种因素对珊瑚礁的生长有极大负面影响：一是全球极端高温天气会破坏珊瑚礁；二是大气中二氧化碳浓度增强会增加海洋的酸性，对珊瑚礁群的架构造成不利影响。所以，马尔代夫的前景仍然是不容乐观的。

　　同时，气候变化对马尔代夫的影响也是日趋严重的。在 99% 是水、

1%是土地的马尔代夫，与当地人联系最紧密的自然是海水。近年来，他们能明显感觉到气候变化带来的影响：海平面在上升，沙子被海水冲走后不再回来，椰子树的树根逐渐裸露甚至倾倒。曾有一份统计显示，在马尔代夫约200个居民岛中，大约50个面临着海水侵蚀的问题，其中16个岛需要立即采取行动。此外，很多居民岛的地下淡水资源正在枯竭，居民饮水困难。"每个人都可以感觉到变化时刻在身边发生，这和一阵风吹过就知道要下雨了一样，我们也能感觉到海水的'情绪'。"

可见，马尔代夫在全球气候变暖和恶化的形势下，面临着极大的危险，很可能在多年以后被海水淹没和吞噬。而且，在2004年发生的印度洋海啸之后，人们也开始意识到了危险。首都马累周围的大部分区域都修筑了防波堤，以抵御海水入侵。尽管如此，在当年的大海啸中，海水还是给首都造成了不小的破坏。

正是出于对气候变化的担忧，面临严峻的形势，马尔代夫在2009年举行了吸引全世界目光的"水下会议"。当天，纳希德以及副总统等11名内阁官员穿着黑色潜水服、身背水下呼吸装置、头戴防水面罩潜入6米深的海水之下，经过30分钟的讨论后通过一项决议，呼吁世界各国领导人采取措施减少温室气体排放，以应对海平面上升对岛国带来的危机。

当然，针对如此严峻的形势，马尔代夫也在积极地采取措施。一些适应气候变化的试验性项目从20世纪90年代初就已经启动，其中包括修筑人工岛。在马累东北约1.3千米处的胡鲁马累岛，经过十几年的填海造地，海拔高度已经达到了3米。此外，马尔代夫政府正逐步施行着一些岛屿的"垫高"工程。在这些岛屿上，海滩将被树木及灌木垫高，而中心居民区则将使用垃圾垫高。

不过，马尔代夫仍然要为最坏的情况做准备，那就是举国搬迁。总统纳希德表示："我们靠自身的绵薄之力是无法阻止全球变暖的，我们只能到别处购买土地。"马尔代夫政府也开始从每年 10 多亿美元的旅游收入中拨出一部分，建立一笔"主权财富基金"，用来购买新国土，计划将马尔代夫 38 万人整体搬迁过去。

同时，马尔代夫正在探索能以较低成本提高庄稼和沿海地区抗飓风能力的手段，譬如在罐子里种植芋头以防止海水侵蚀等。在裸露的树根旁，堆放了很多已经发黑的碎石子，也是居民希望用来巩固树根的。

但是，全球变暖是一种全球范围内的现象，要想减缓全球变暖，避免海平面上升，摆脱被淹没和吞噬的危险，就需要世界人民的共同参与、共同努力。

面临被淹没的北太平洋"黑色珍珠"

马绍尔群岛被称为北太平洋上的"黑色珍珠"，岛上的风光十分秀丽，景色宜人。但是，这片风光秀丽的群岛正面临着极大的困境和尴尬，面对日益严峻的全球气候形势，马绍尔群岛正在一步一步地走向一条不归路。下面，就让我们一起走进马绍尔群岛，详细了解一下马绍尔群岛的生死存亡。

马绍尔群岛位于太平洋中部，陆地面积 181 平方千米，由 29 个环礁岛群、5个小岛以及1200多个大大小小的岛礁组成。这些群岛分布在200多万平方以及的海域上，形成西北-东南走向的两列链状岛群，分布在东南面的为日出群岛，在西北面的为日落群岛，中间相隔约208千米。就气候来说，马绍尔群岛为热带气候，年降水量为3350毫米，5~11月为雨季。

同时，马绍尔群岛自然环境优美，远离城市的喧嚣，没有任何工业污染，空气清新，令人身心舒畅。碧蓝的海水、晶莹剔透的沙滩，到处是椰林，踏上这片土地，常常令人心旷神怡。可是，在全球变暖、海平面逐年上升的背景下，这片美丽的风景区日益遭受着巨大的威胁和挑战，越来越面临着被海水淹没和吞噬的危险。比如，首都马朱罗正在遭受着被淹没的厄运。

作为马绍尔群岛共和国的首都，马朱罗人口密集，但也靠近海岸线，最近的民宅距离海岸线不足10米，而且陆地海拔较低。因此，马绍尔群岛极易受到海平面上升的影响。目前，海平面的上升正在吞噬着马绍尔群岛，不断地对马朱罗进行冲击，且造成了马朱罗的部分地区被海水淹没。同时，这种情况随着海平面的持续上升还在不断地恶化。夏威夷大学海洋研究员穆雷福特指出，受全球气候变暖的影响，海水正在逐渐增高，在过去的几个月，海水增高了15厘米，目前马绍尔许多岛屿在海平面以上不足1米，在未来几年，马绍尔一些岛屿会被海水淹没。

而且，海水的涨落对于首都马朱罗来说，也是一个不小的打击。2011年2月，平均海拔约3米的马绍尔群岛已连续多日遭受罕见高位潮水侵袭，其中最高潮水高度达到了1.67米，淹没了马朱罗市多个城区。一般来说，马绍尔群岛周围海区潮汐为半日潮，平均潮差0.8米至1

米。可是，随着全球气候的恶化，马绍尔群岛的潮汐潮差越来越大。美国夏威夷大学海洋研究学者默里·福德说，"过去，马绍尔群岛周围海区涨潮时最高潮位不超过海拔1米，但最近几年，高潮来得越来越频繁和猛烈。

据马绍尔群岛的居民描述，每当满月的时候，海潮会更加猛烈，海上的大浪会比同期高出半米多。马朱罗环礁海滩以景色优美和宁静而著名，但是随着海潮越来越频繁和猛烈的"攻击"，这条海滩已经变得越来越窄，一些大树倒在地上，盘根错节的树根裸露出来，还有一些大树已经有一半没入水下。

在频繁且猛烈的海潮作用下，马朱罗机场也遭受着巨大的打击。马朱罗机场跑道的海拔高度只有1.8米，跑道的一侧是大海，另一侧是环礁。当海潮来临的时候，常常会对马朱罗机场造成极大的破坏，使得机场跑道淹没在海水之下。为此，当地政府为了有效地抵抗海潮，在跑道两边都筑起了防洪大堤。

可见，马绍尔群岛已经受到了潮水上涨的严重影响。据统计，每隔14天，也就是伴随着月亮周期的变化，这里的公路就会被水淹没。在有

些"二战"时曾经作为军事基地的地方，弹药在潮水的冲刷下暴露了出来，显然对居民的生命和福祉是一种极大的威胁。

另外，拉尼娜现象也往往会使马绍尔群岛出现反常潮水。拉尼娜是一种

和厄尔尼诺现象相反的现象，是指赤道太平洋东部和整部海面温度持续异常偏冷的现象，往往会引起海水的上涨。据资料调查和统计，拉尼娜现象会使马绍尔群岛周围海区的海平面在数月内上涨 15 厘米。

也正是因为这样，为了应对日益严重的形势，避免全国不被海水彻底淹没，马绍尔政府已采取紧急措施，实施了巨大工程：修建高 1 米的大坝，以缓解海平面上升、河水倒灌引发的一系列问题。但是，由于全球气候及环境的日益恶化，马绍尔群岛的生存和发展已经告急。

比如，马绍尔群岛在距离夏威夷西南部 3700 千米处的海域，已经开辟出一个 200 万平方千米的海上专属经济区，因为流经这片海域的金枪鱼是马绍尔人的主要资源。通过对外出售捕捞许可证，马绍尔群岛获得了可观收入。此外，近几年来一些国家在海上专属经济区开采镁和其他海底矿物质，也为马绍尔群岛带来了一定的财政收入。如果这些岛屿被淹没，一个现实的问题是：马绍尔群岛可能将不再有权颁发捕鱼和矿物开采的许可证。

还有，马绍尔东面的特鲁克岛也在遭受着严重的海水危机。特鲁克岛是密克罗尼西亚联邦的四个州之一。"二战"期间的 1944 年，美军在特鲁克岛港口炸沉了 41 艘日本军舰，这让特鲁克岛一举成名。这里现在成了世界有名的潜水和浮潜地之一。

如今，这里特鲁克岛内陆地面积正在锐减。一些当地的居民说，有时他们睡觉时都能被海浪冲刷房墙的声音惊醒，同时涨潮还将带多垃圾还到海滩上来。可见，海浪的冲刷不仅会对陆地资源造成破坏，还会造成陆地生态环境的污染。而且，在特鲁克西部群岛中，普拉普环礁已经被水淹没，岛上的芋头园也全部荒废，而芋头是当地居民的主要食品。所以，海水对陆地的入侵是不容小觑的。这些群岛正在面临着生存的巨大危机和挑战。

　　面对日益严峻的陆地危机和海洋入侵形势，马绍尔群岛正在不知不觉地成为气候难民，而且还面临着举国迁移的窘境。马绍尔群岛妇女联合会主席曾说："除非采取重大行动来减少温室气体的排放，否则大规模的撤离将不可避免。"所以，马绍尔群岛的前景是不容乐观的。要想避免举国迁移，就需要全球气候的改善，海平面保持平稳的态势，否则只能被迫迁移，流落他乡。

危险迫在眉睫的基里巴斯

　　在太平洋中，有一个全世界最大也是最古老的珊瑚礁，这个珊瑚礁构成了大洋中一个璀璨的岛屿，它风景秀丽，自然质朴，它就是圣诞岛基里巴斯。可是，这片风景秀丽的自然之地，随着全球气候的恶化、海平面日益上升的形势，也面临的极大的生存危机，遭遇着迫在眉睫的危险。下面，我们就一起走进美丽的圣诞岛基里巴斯，了解一下它的生存困境。

　　圣诞岛（基里巴斯语）是太平洋的一个珊瑚礁岛，位于莱恩群岛之中，陆地面积为 363 平方千米，占基里巴斯全国土地的 70%，目前人口约有 2600 人。它在 1777 年圣诞节前夕由詹姆斯·库克船长发现，所以此岛名为圣诞岛。

基里巴斯是世界上最贫穷的国家之一，天然资源匮乏，椰子核和鱼是基里巴斯产量最大和出口量最大的产品。在此情形下，收入很大程度上依赖于旅游业。因为这里的风景是非常宜人的。作为海底火山的山顶，圣诞岛基里巴斯除了有一些小面积的沙滩外，其余约 80 千米的海岸线都是由悬崖峭壁环绕着。

而且，岛上栖息着多种珍稀濒危野生动物，自然形成了独有的生态景观，尤其是每年年底到第二年年初，都会有上亿只红蟹拥向海边交配的惊奇景观。红蟹又称为红地蟹，是生活在东南亚的紫蟹的变种，属于杂食性动物，平时以软体动物为食，平均寿命为 35 年。红蟹背壳呈现黑色，腹部和四肢通红，像是烤熟了的龙虾，四肢短粗，是上乘的美味。

另外，圣诞岛上风光绮丽，四周为珊瑚礁所环绕，岛的外侧暗礁重重，巨浪冲天；内侧则细浪轻柔，银白色的沙滩全部是由珊瑚碎片形成，在阳光下熠熠发光。退潮时，珊瑚礁的尖顶纷纷露出水面，琼堆玉砌，晶莹剔透，顺着银白色的海滩延伸，形成一个宽数百米的环岛珊瑚带。而且，岛上森林繁茂，风光青翠欲滴，遍地是挺拔的槟榔、叶大如伞的热带山芋和香蕉、菠萝、面包树等热带树种。岛上种植了大片的椰林，约 50 万棵。圣诞岛还是钓鱼爱好者的天堂。为发展旅游业，岛上建起了一家旅馆，旅馆以圣诞岛的发现者的名字命名，叫詹姆斯·库克旅馆。圣诞岛有当地特有的饮料——淘迪，淘迪是一种经过发酵的椰子汁，它甜中带点儿酒味，喝着既解渴又爽口，但喝多了会醉人。同时，圣诞岛已成为太平洋上最大的海鸟乐园，约 600 多万只海鸟在此栖息，其中最有名的是军舰鸟。军舰鸟是一种凶猛的大型热带海鸟，嘴巴呈钩状，翼展超过 2 米，是世界上飞行速度最快的鸟类，时速可达 400 千米。军舰鸟经常在海面上盘旋，一旦发现有鱼儿跃出水面，就会急速俯冲，飞快地叼走猎物。有意思的是，有时这种鸟懒得亲自觅食，而是凭借高超的飞行本领，"拦路抢劫"其他海鸟的食物。因此有人戏称之为"强盗鸟"。

可见，圣诞岛基里巴斯的风景是十分美的，而且有着丰富的资源。但是，圣诞岛的美在全球变暖、气候恶化、海平面上升的背景下，显得十分脆弱，正在遭受着被海水淹没和吞噬的危险。也正是因为这样，有人将基里巴斯称为下一个"亚特兰蒂斯"。同时，据英国《每日邮报》报道，位于南太平洋的岛国基里巴斯像天堂般美丽，但由于气候变化导致海平面上升，它将在60年内沉没。因此，基里巴斯面临的形势是十分严峻的。

基里巴斯之所以面临如此的困境，首先就是因为基里巴斯特殊的属性。基里巴斯由32个环礁和一个珊瑚岛构成，面积350万平方千米，但平均仅高于海平面2米。这种海拔状况使得基里巴斯极易受到海水的影响。据资料和研究显示，基里巴斯周围海平面每年上升2.9毫米，高于全球海平面平均每年1~2毫米的上升速度。可见，较低的海拔给海平面的上升提供了可乘之机，使得海平面上升对基里巴斯造成极其严重的危害。2013年6月基里巴斯总统汤安诺预测，随着海平面上升，这个岛国很可能在30年到60年内无法再居住。加拿大不列颠哥伦比亚大学气候学家西蒙·多纳也发出警告，称海洋对基里巴斯土地的威胁迫在眉睫。他说，毫无疑问，气候变化对基里巴斯是长期、重大的威胁。

但是，海平面上升并非基里巴斯遭到灭顶之灾的唯一问题，快速增加的人口也很受关注。据统计，基里巴斯南塔拉瓦地区人口密度每平方千米超过3000人，堪比美国洛杉矶。当地政府担心，到2030年南塔拉瓦人口将翻倍增加到10万人。因此，人口增加已经成为"重大威胁"，加上海平面上升导致的泥土和地下水盐化，大量的人口增长已然造成淡水供应紧张，环境污染严重等一系列的问题。

同时，海平面上升造成的降雨、潮汐和风暴的加剧也给基里巴斯带来了严峻的考验。气象报告也指出，预计到 21 世纪中期，基里巴斯上升的海平面将会污染淡水的供应、毁坏农田、侵蚀海滩和村庄等，从而迫使人们离开。目前，基里巴斯境内 310 万平方千米的珊瑚岛已经消失在海平面之下。而且，据专家估计，由 33 个岛屿环礁组成的小国基里巴斯，预计将是 21 世纪中期因海平面上涨首批被淹没的国家之一。如今，基里巴斯的人口大多数住在首都塔拉瓦。总统汤安诺表示："塔拉瓦是我们的最后居所，没有别的出路。一旦海水真的入侵，我们就不得不离开家园。"

可见，海水正在慢慢吞噬圣诞岛基里巴斯。而且，这样的情况如果继续发展下去，基里巴斯面临的就只能是举国搬迁。当地政府也作出了这样的打算，面对海平面的上升威胁，太平洋岛国基里巴斯政府打算在邻国斐济购置土地，准备在不得已时举国移民。

2013 年 3 月，基里巴斯总统汤安诺表示，内阁已批准移民方案。按照所拟方案，基里巴斯打算花费大约 960 万美元，在斐济主岛维提岛购置一片肥沃土地，面积大约 24 平方千米。对此，总统汤安诺表示，虽然那块地足够容纳全国居民，但希望举国移民的那一天永远不会到来。"我们不希望把所有人安置在一片土地上，然而，如果万

不得已，我们只能那样做。这不是为我，而是为年青一代。对他们而言，无法选择搬不搬。"所以，基里巴斯正遭遇着前所未有的困境。

当然，除搬迁方案外，基里巴斯政府也正为应对气候变化考虑其他方案。比如，基里巴斯在一些岛礁周围修筑堤坝，以阻挡海水，或者在海面上建造一座浮岛，但后者花费较高，毕竟作为一个岛国，基里巴斯经济并不发达。因此，最根本的方法其实是改善全球环境，减缓全球变暖，抑制海平面的上升。

变幻莫测的孟加拉湾

孟加拉湾是世界第一大海湾，位于印度洋南部，近海有大量的浮游生物，并蕴藏着极为丰富的自然资源，尤其是石油和天然气蕴藏量大。但是就是在这样一个资源丰富、风景如画的地方，一些岛屿正面临着极大的生存危机，可能遭到被海水淹没和吞噬的危险。其中，新穆尔岛就是一个突出的代表。下面，我们就一起走进孟加拉湾，了解一下新穆尔岛的起伏沧桑。

孟加拉湾属于印度洋的一个海湾，北临缅甸和孟加拉国，属于热带季风气候，极易出现暴风雨和风暴潮，是热带风暴孕育的地方，对孟加拉湾内的群岛和印度、孟加拉国往往会造成极大的破坏。一般来说，每年的4、5月和10、11月是热带季风的转换期，这段时间孟加拉湾热带风暴活动频繁，其中孟加拉国全国 80% 的降水量都集中在这个时期。而且，当季风来临的时候，印度北部、尼泊尔和喜马拉雅山区都会出现倾盆大雨，孟加拉湾的河水也会上涨，海水顶托，潮汐水位不断升高。这些变化都给孟加拉湾的群岛及下游的孟加拉国构成极大的威胁，这些地方也很有可能水流成灾，或是被海水淹没和吞噬。

同时，孟加拉湾为喇叭形，极易受到大潮的影响，在大潮和风暴的相互作用下，往往会掀起滔天巨浪，从而给附近的群岛及孟加拉国、印度等造成巨大的灾害。尤其是对于处在孟加拉湾内的群岛及孟加拉国来说，常常是致命性的打击。比如，海拔较低的新穆尔岛就成为孟加拉湾热带风暴的牺牲品。

据资料显示，新穆尔岛位于孟加拉湾，只有 3.5 千米长、3 千米宽，无常住居民，但周围却蕴藏着储量巨大的油气资源。据介绍，该岛是布拉马普特拉河冲积三角洲所形成的不稳定产物。从位置上看，新穆尔岛位于印度、孟加拉国边界交界处，为沙洲地貌。

1974 年，新穆尔岛被美国卫星首次发现，当时该岛面积为 2500 平方米，后来岛屿逐步扩大，退潮时面积约 10000 平方米。后来，1981 年，印度派出一支舰队运送特战部队强行登岛，并且在上面立碑升国旗，摆出长期驻军的阵势。但是驻军期间，印度发现尽管小岛树林茂盛，但由于最高处距离海平面只有 2 米，大部分地方的海拔在 2 米以下，所以想在其上长期驻守有很大的补给问题，而且时常遭受大潮和风暴的袭击，最终不得不罢兵。同时，孟加拉国也曾两度试图驻军小岛，同样因为后勤保障问题而放弃。但是，印度和孟加拉国却因该岛的主权进行了长达 30 年的争夺。

不过，2010 年 3 月印度加尔各答贾达普大学的海洋学家苏加塔·哈斯拉称，这个位于苏得班斯三角洲地区的新穆尔岛（New Moore Island）已经完全被海水所淹没，卫星图片与海洋巡逻队也证实了这个情况。就这样，印度和孟加拉国对该岛的主权归属争执也告一段落。

可见，孟加拉湾的热带风暴和海潮对附近群岛的生存威胁是极大的。但是归其原因，对于新穆尔岛来说，海平面的上升是一个不可忽视的重要因素。在海平面日益上升的背景下，才会使孟加拉湾热带风暴的破坏性和杀伤力更大，从而给予新穆尔岛致命的打击。

2010 年，贾达普大学海洋研究院的科学家们就已经注意到孟加拉湾过去 10 年海平面上升的速度。2000 年以前，这一地区的海平面每年上升约 3 毫米，但是之后 10 年每年上升的速度是 5 毫米。

由此，哈斯拉进一步提出，苏得班斯三角洲地区原有 105 个岛，过去 25 年来已有 4 个岛由于海平面的上升和剧烈的热带风暴被淹没。与新穆尔岛邻近的罗哈恰拉岛 1996 年被海水淹没，岛上居民被迫迁居大陆。而葛拉马拉岛也有一半淹在海水里，其他至少还有 10 个岛屿面临被淹没的危险。

另外，孟加拉国是一个低海拔的三角洲国家，人口约 1.5 亿，是受全球变暖影响最严重的国家之一。按一些气候变化模型的预测，到

2050 年，如果海水上升 1 米，该国 18% 的沿海地区将会被海水淹没，2000 万居民将被迫迁移。可见，除了新穆尔岛之外，孟加拉湾的热带风暴以及海平面的上升对孟加拉国的生

存和发展也是一个极大的威胁和挑战。

　　随着全球变暖、海平面的上升，孟加拉湾附近的热带气旋形成概率已经大大增加，密集的降水、猛烈的热带风暴往往会造成海水倒灌，使孟加拉国遭受海水、雨水的巨大灾难。加上孟加拉国南部为恒河河口三角洲，地势低平，受来自海洋的季风影响相对较大，降水量大，有时受风暴潮影响易形成水灾；北部临近喜马拉雅山脉，多山地，地形崎岖，易形成地形雨，崎岖地势存积雨水，不易排洪，也极易造成水灾。

　　这样的地形地势，在全球气候恶化、海平面上升的大背景下，"水城灾害"会更加严重，会给孟加拉国百姓的生产生活带来巨大的损失。而且，孟加拉国的水灾已经从沿海地区蔓延至主要城市，甚至其主要港口和商业中心吉大港和库尔纳两座城市也难逃厄运。所以，孟加拉国面临的形势也是非常严峻的。

　　其中，孟加拉国第二大城市吉大港就长期饱受潮位暴涨之灾。而且，潮水上涨的幅度和持续时间已经远远超过之前。所以，如果不能给予足够的重视，积极地采取有力措施，那么孟加拉国不久之后也会被海水吞噬和淹没，成为一座真正的"水城"。因此，全球变暖、气候恶化是千万不能忽视的。为了拯救我们赖以生存的家园，我们一定要注重保护环境，科学人类行为，遏制住海平面上升的脚步。

要富裕还是要生存

陆地是我们生存和发展的前提和根基，是一个国家和城市进行建设、开辟美好前景的重要依据和基础。因此，陆地资源是最基本的资源也是最重要的资源，虽然陆地资源常常被我们忽视，但是它的作用和重要性是不容置疑的，人类的一切行为都应该是建立在珍惜和保护陆地资源的基础上。所以，在一个国家和地区快速发展的过程中，一定要反思，是要富裕还是要生存。

在人类社会发展的过程中，经济发展是人类发展和进步的阶梯，一定的经济发展能够为人类的生存和发展提供一定的物质基础和保障，为人们的生产、生活、起居、交通等提供极大的便利，但是，这一切的一切都是建立在一定的环境基础之上的。环境是人类活动的基础，脱离了环境，人类活动就会失去依靠。

在经济建设之初，人类虽然忽视环境，甚至破坏环境，但是环境的自我恢复和调节能力还足以能够承受，但是随着人口的迅速增加，经济快速发展的需要，人们对环境破坏和污染越来越严重，以至环境难以承受。也正是因为这样，人类的不良行为导致了一系列的环境问题，引发环境对人类的惩罚，最后全球气候恶化，气温变暖，海平面上升，给人类自身的生存和发展造成威胁。所以，在全球环境日益恶化、陆地资源日益遭受严峻挑战的背景下，我们不得不反思，是先谋求生存还是一味地发展经济，追求经济效益。

其实，在经济发展和人类生存之间矛盾最突出的表现就是海陆的争夺。随着人类经济社会的发展，人们对环境生态的忽视和冷漠，致使全球气候恶化，生态平衡被打破，同时逐年上升的海平面正在不知不觉地吞噬和淹没我们赖以生存的大陆，使我们面临无家可归的尴尬境遇。因此，陆地资源正在遭受着前所未有的生存挑战。甚至可以说，高速公路的断裂，火山的爆发，濒临死亡的北极熊，被淹没的家园……这不只是出现在电影《2012》中的场景，气候变化已经成为21世纪全球面临最严重的挑战之一，由全球变暖造成的自然灾害和温室效应，使太平洋地区已经有数十个地区、数十个岛屿面临消失的厄运，而今后数年内环境问题还可能导致某些地区人口大迁移、能源短缺以及经济和政治动荡。

可见，我们面临的环境形势是非常严峻的，如果我们不能采取有效的措施，任由全球变暖、海平面上升，那么我们将面临生存还是灭亡的两难境遇。尤其是对一些海拔较低的群岛国家和地区来说，更是如此。它们面临的危机已经迫在眉睫，或是已经遭遇了全球气候恶化带来的一系列灾难。

比如，南太平洋就是一片问题集中的海域。这是一个小岛聚集的海域，在这片大洋中，遍布着像图瓦卢一样遭遇的群岛，它们面对日益上升的海平面逐渐破败、消亡，遭受着世界经济快速

发展的恶果，成为全球气候恶化的首批"气候难民"。一位海洋研究专家曾指出："南太平洋中的群岛和图瓦卢面临相似遭遇的还有很多，有的海水涨潮时，它们的国土就会自动缩小一半，有的时常遭受海水倒灌、海水侵蚀的挑战。"可见，在全球变暖，海平面逐年上升的形势下，南太平洋的诸多小岛正在眼睁睁地走向一条不归路。

因此，面对严峻的全球形势，已经到了人类不得不做出选择的时候，是要富裕还是要生存！如今，全球变暖引发的群岛危机只是一个警示，如果我们不能迷途知返，一味地发展经济，忽视生态环境的保护，呵护我们生存的家园，那么早晚有一天我们赖以生存的土地将沉于海底，被海水无情地侵占。

第六章
生态中国，从"脚下"起步

沧海桑田，海陆变迁是历史长河中的缓慢而巨大的变化。这是一种正常的自然现象，但是在人类成长和发展的过程中，人类的因素也是造成海陆变迁，导致陆地消失或沉没的重要原因。因此，建设生态中国，成就美丽中国，就要懂得守护我们共同的家园，从"脚下"起步，保护土地资源。

珍贵的土地与土地资源

土地资源是一种宝贵的资源。作为土地，它既是重要的生产资料和劳动对象，同时也是人类赖以生存的活动领域。特别是随着整个人类社会的生产发展和人口的迅速增加，土地和土地资源越发地紧张，而且土地资源已然超出了单一民族和国家的范畴，而跃居成为人类生存与发展的环境空间的全球性大问题。因此，我们一定要懂得保护珍贵的土地和土地资源。

要保护好我们珍贵的土地及土地资源，首要的工作就是要我们清楚土地及土地资源的含义及其属性、特点和土地与土地资源的基本状况。

土地是指具有一定地理空间（经度、纬度、高程），以土壤为基础，与气候、地形地貌、水文、水文地质条件、表生地球化学因素、自然生物群落，以及它们之间相互作用所构成的自然综合体，它包括众多子系统。1972年在荷兰瓦格宁根召开的关于土地评价的专家会议认为："土地包含着地球特定地域表面及其以上和以下的大气、土壤、基础地质、水文和植物。它还包含着这一领域范围内过去和目前人类活动的种种结果，以及动物就它们对目前和未来人类利用土地所施加的重要影响"。同时，联合国粮农组织的《土地评价纲要》指出，土地包括影响土地用途潜力的自然资源，如气候、地貌、土壤、水文和植被，还包括过去和现在的人类活动的结果。可见，土地是一种宝贵的资源，牵扯到众多的方面，是一个系统的概念。

土地资源，是指在一定的技术条件和一定时间内可以为人类利用的土地，即可供农、林、牧业或其他方面能够利用的土地，是人类生存的基本资料和劳动对象，具有质和量两个内容。人类在利用土地资源的过程中进行了改造，所以土地资源既包括了资源的自然属性和人类利用、改造的经济属性，故称之为"历史的自然经济综合体。"

而且，在对土地资源利用过程中，可能会需要采取不同类别和不同程度的改造措施。同时，土地资源具有一定的时空性，即在不同地区和不同历史时期的技术经济条件下，所包含的内容可能不一致。如大面积沼泽因渍水难以治理，在小农经济的历史时期，不适宜农业利用，不能视为农业土地资源。但在已具备治理和开发技术条件的今天，即为农业土地资源。因此，有的学者认为土地资源包括土地的自然属性和经济属性两个方面。

除此之外，土地还有以下几种基本属性。

1. 位置固定

位置固定是指土地都有特定的空间位置和一定的形态特征，即每一块土地所处的经、纬度和海拔高度都是固定的，并有特定的外在形态。也就是说，各种土地分布具有受水热条件支配的纬度地带性、经度地带性和垂直地带性，以及受局部地形、地质条件影响而表现的非地带性规律。而且，土地资源都限于固定地点，不能像其他物品一样可以随意移动。因此，土地只能就地利用。

2. 数量的有限性

土地是自然的产物，具有原始性，不可能再生产和复制。除了漫长的地质过程或剧烈的人类活动，一般土地面积不会出现明显的增减。同时，土地资源的多少是由地球表面的大小及其形状所决定的，所以土地数量在短期的历史时间内是有限的，一旦被浪费或污染就很难再有多余的土地。也就是说，某项用地面积的增加，必然会导致其他用地面积的减少。因此，我们一定要珍惜和保护土地资源。

3. 不可替代性

土地和土地资源无论是作为环境条件还是作为生产资料，都具有不可替代性。也就是说，不能用其他的东西来替代。所以，一旦我们不爱惜土地和土地资源，让土地资源面临紧张的困境，那么对人类的生存和发展来说，将是一个严峻的挑战。

4. 土地利用的永续性

土地利用的永续性大致包含两个方面的含义。其一是指土地作为自然产物，它与地球共存亡，相对于地球而言永不消失；其二是指土地作为人类的活动场所和生产资料，在使用的过程中，只要利用合理，其生产力就能得到保持和提高，土地也就可以年复一年地使用下去。相反，如果人们在利用和开发土地的时候，不尊重客观规律，肆意

破坏和践踏，那么可以利用的土地资源就会越来越少，以至于人类将无"立足之地"。因此，要想实现土地利用的永续性也是有条件的，那就是要尊重客观规律，合理利用和科学保护土地资源，实现社会、经济的可持续协调发展。

总之，土地资源是自然综合体，也是人类生产劳动的产物，既具有自然属性，也具有社会属性，是名副其实的"财富之母"。

了解了土地及土地资源的属性后，我们要想珍惜和保护我们宝贵的土地资源，还需要了解土地资源的分类，以便科学合理地利用土地、开发土地。

根据提土地资源的不同属性，土地的分类方法和分类结果是多种多样的。比如，按照土地的土壤质地可以分为黏土地、沙土地、壤质土地等；按照土地所有权划分，可以分为私有、国有和集体所有的土地。不过在中国较普遍的是采用地形分类和土地利用类型分类：

(1) 按照地形，土地资源可分为高原、山地、丘陵、平原、盆地。这种分类展示了土地利用的自然基础。一般而言，山地宜发展林牧业，平原、盆地宜发展耕作业。

(2) 按土地类型利用，土地资源可分为已利用土地耕地、林地、草地、工矿交通居民点用地等；宜开发利用土地、宜垦荒地、宜林荒地、宜牧荒地、沼泽滩涂水域等；暂时难利用土地、戈壁、沙漠、高寒山地等。这种分类着眼于土地的开发、利用，着重研究土地利用所带来的社会效益、经济效益和生态环境效益。评价宜利用土地资源的方式、生产潜力，调查分析宜利用土地资源的数量、质量、分布以及进一步开发利用的方向途径，查明暂不能利用土地资源的数量、分布，探讨今后改造利用的可能性，对深入挖掘土地资源的生产潜力，合理安排生产布局，提供基本的科学依据。

（3）按照土地资源利用类型分类。由于中国自然条件复杂，土地资源类型多样，经过几千年的开发利用，逐步形成了现今的多种多样的土地利用类型。土地资源利用类型一般分为耕地、林地、牧地、水域、城镇居民用地、交通用地、其他用地（渠道、工矿、盐场等）以及冰川和永久积雪、石山、高寒荒漠、戈壁沙漠等。

（4）从土地利用类型的组合看，中国东南部与西北部差异显著，其界线大致北起大兴安岭，向西经河套平原、鄂尔多斯高原中部、宁夏盐池同心地区，再延伸到景泰、永登、湟水谷地，转向青藏高原东南缘。东南部是全国耕地、林地、淡水湖泊、外流水系等的集中分布区，耕地约占全国的90%，土地垦殖指数较高；西北部以牧业用地为主，80%的草地分布在西北半干旱、干旱地区，垦殖指数低。

水土资源组合的不平衡也很明显，长江、珠江、西南诸河流域以及浙、闽、台地区的水量占全国总水量的81%，而这些地区的耕地仅占全国耕地的35.9%。黄河、淮河及其他北方诸河流域水量占全国水量的14.4%，而这些半湿润、半干旱地区需用灌溉的耕地却占全国耕地的58.3%。西部干旱、半干旱区，水资源总量只占全国水量的4.6%。

可见，土地资源根据不同的属性和不同的分类方法有不同的种类。但是无论是哪一种土地类型，要想让土地资源永续利用，就一定要充分认识到土地资源的有限性，科学合理地加以利用和开发，不能浪费、污染土地资源。只有这样，土地资源才能发挥最大的价值，更好地为持续增长的人类服务。否则，看似可以循环利用的土地资源也会被人类用尽。

对于中国来说，我国的土地资源还是比较紧张的。在这种形势和状况下，要想实现可持续发展，就不能一味地把经济发展作为唯一的指向，而是要在经济发展的同时更加注重土地环境资源的保护和科学利用，讲究科学、节制。甚至，我们在利用和开发土地资源的时候，要把土地资源视为一种"不可再生资源"那样来保护和看待。

"退田还海"计划

　　海洋和陆地是相互依存、此消彼长的关系，从漫长的历史进程中，我们不难发现，海陆变迁造成的沧桑巨变一次次上演。虽然，海陆变迁大都是由于缓慢的地质运动积累而产生的，但是这其中也不乏长期的人类活动发挥的不良影响。当然，这个作用相对于剧烈而强大的地质作用是微乎其微的，但是也不能忽视，人类活动扮演着十分重要的角色。

　　在各种各样的人类活动中，对海陆变迁影响最大的恐怕就是填海造田了。在经济发展初期，受到国土面积的限制和制约，有不少的国家都实行过填海造田的计划。比如，中国、日本和荷兰。其中，尤其是荷兰，据调查荷兰国土面积的五分之一都是依靠填海造田来实现的。甚至有人戏称，荷兰是填出来的国家。

　　荷兰，位于欧洲偏北部，是世界有名的"低地之国"，该国的围海造田工程享有盛誉。因为，荷兰近三分之一国土面积低于海平面。所以，自13世纪起荷兰开始围海造陆，通过修建堤坝和水利设施，围成的土地约占现有国土面积的 20%。

然而，长时间的填海造田也给荷兰带来了一系列的不良影响。持续的填海造田使得海平面不断上升，继而生态系统恶化。荷兰 1950 年到 1985 年湿地面积损失了 55%，湿地的丧失让荷兰在降解污染、调节气候的功能上出现许多环境问题，如近海污染、鸟类减少问题。

同时，浅海的鱼类资源是非常丰富的。填海造田对于潜海的鱼类、虾类、贝壳类来说，生存的环境没了，也就意味着它们将面临极大的生存考验。同时，浅海的一些珊瑚类也都被埋掉了。所以，填海造田对海洋资源的破坏是极大的。然而，海洋的生态环境变化也会影响到人类的生存发展环境，给人类的生存和生活带来不利影响。1953 年，海水涨潮时，冲垮围堤，荷兰泽兰省有 1850 人丧生。因此，面对日益严峻生态环境形势，荷兰决定退耕还海。

根据"退耕还海"计划，1990 年，荷兰农业部制定的《自然政策计划》，决定花费 30 年的时间恢复这个国家的自然状态。而且，位于荷兰南部西斯海尔德水道两岸的部分堤坝将被推倒，一片围海造田得来的"开拓地"将再次被海水淹没，恢复为可供鸟类栖息的湿地。有一些环保人士认为，这将有利于维持原有生态系统的平衡。但是，"退耕还海"是个敏感话题。这一计划受到了不少人的反对。

争议最大的是南部泽兰省西斯海尔德水道边的海德维赫"开拓地"。淹没海德维赫的计

划也与荷兰 2005 年与邻国比利时签订的协议有关。根据这一协议，荷兰疏浚西斯海尔德水道，为比利时的安特卫普港拓宽海上出口，疏浚工程会破坏原有自然栖息地，淹没土地可帮助恢复这些栖息地。

不过，"退耕还海"看似两全其美，却遭到世代受益于海德维赫的农民反对。海德维赫于 1904 年开始由西斯海尔德水道围建，想要实现退耕还田还有许多的问题需要解决。因此，在退耕还海的过程中荷兰政府也面对着极大的压力。但是，荷兰政府声称"退耕还田"是大势所趋，政府会采取相应的补偿措施来安抚"开拓地"的居民和企业。

同时，荷兰政府将围海造田的土地恢复成原来的湿地，这项方针就是要保护受围海造田的影响而急剧减少的动植物，并通过使过去的景观复原，为老百姓的生活增添亮丽的风景线。计划里的"生态长廊"，是要将过去的湿地与水边连锁性复原，建立起南北长达 250 千米的"以湿地为中心的生态系地带"。

不仅仅是荷兰作出了"退耕还海"的计划，日本在大规模的填海造田之后也提出了类似的政策。

众所周知，日本地域狭小、人口密集，因此"二战"后大肆填海造陆。据调查，"二战"后日本通过填海新造陆地高达 1500 平方千米以上，相当于 20 个香港岛，东京湾填海造地工程、神户人工岛和关西国际机场填海造地工程都是世界知名的。

20 世纪 50 年代开始，东京地价暴涨导致填海造田工程以前所未有的规模进行。据估算，在过去的 100 多年中，日本一共从海洋索取了 12 万平方千米的土地，其沿海城市约有 1/3 的面积都是通过围填海获取的。

可是，在获得巨大收益的同时，大肆填海造地发展工业经济也给日本带来了巨大的后遗症。大规模填海造陆，破坏了生态环境，纳潮量减少、海水自净能力减弱导致海水水质恶化、海洋生物资源退化，此外还导致日本一些港湾外航道明显减慢，天然湿地减少，海岸线上的生物多样性迅速下降。湿地破坏更严重，明治时代九成以上湿地已经丧失，95%的海岸线变成人工岸线。

另外，日本环境厅曾经发表的调查数字显示：自1945~1978年，日本各地沿海滩涂减少了约390平方千米，以后每年仍以约20平方千米的速度消失，海洋污染、生态退化、航道淤塞等问题层出不穷。而且，很多靠近陆地的水域里已经没有生物活动，因海水自净能力减弱赤潮泛滥。认识到问题后，日本人用种种办法来改变和修复环境，开始审视填海建设，每年投入巨资设立专门的"再生补助项目"，希望找到一些恢复生态环境的方法。目前，日本围填海总面积已经不足1975年的1/4，每年填海造地面积只有5平方千米左右。

除了荷兰、日本之外，在亚洲，陆地资源贫乏的沿海国家和地区，如韩国也都曾重视利用滩涂或海湾填海造陆。但是，现在这些当初热衷于围海造田的国家发现围海造田已经威胁到海洋生态和海岸线存亡的时候，就陆续放缓甚至放弃围海造田的工程，开始让近海环境休养生息。

另外，中国的围海造田也是比较严重的。珠三角早在近代就因围海造田有过沉痛的教训。从清朝中后期就出现"围海造地"，对珠江三角洲滩涂进行垦殖。到今天，汕头港由于围海填海，港口越围越狭窄，纳潮量不够，造成内河严重污染，代价沉重。近10年来，中国因围填海失去了近50%的湿地；2002~2007年，湿地消失速度从20平方千米每年增加到134平方千米。而且，围海造田造成近海富营养化加剧，海洋生态灾害严重，有害赤潮频发，有毒种群不断出现，大规模大型海藻（浒苔）逐年暴发性生长，大规模水母逐年泛滥成灾。

然而，我们对围海造田的危害性并没有什么深刻的认识，我们围海造田的步伐并没有停止。虽然，对陆地上土地资源的使用，我们划下了18亿亩耕地这道绝对不能逾越的红线。但是，广袤无垠的海洋似乎成了沿海地区寻求土地资源唯一的出路。因此，填海造地一度被认为是一项最经济、最快捷、最自由的"三最"工程。尤其是近些年来，沿海地区一批港口、码头、电厂、钢厂等重大工程项目陆续上马，对围海造地的需求更加迫切，不少沿海省份在规划中都有大量围海填海的项目。

同时，人多地少，经济高度发达，土地自然就成了寸土寸金的奇缺资源，其价格也就水涨船高。因此许多地方政府就把视线投向了海洋，热衷于围海造地。而且，因为现实中需求以及围海造田中存在的巨大利润，使得许多地方政府热衷于围海造地。

一味地围海造田，巨大经济利益诱惑的背后却是巨大的危害。首先，围海造田会造成海洋生物多样性降低、渔业资源减少。据国家海洋局统计，2010年中国填海造地面积达135.98平方千米，其中建设填海造地13.45平方千米。近海滩涂、红树林、潮间带等湿地，是陆地与海洋进行物质和能量交换的重要场所。对海岸带的开发会导致来自陆地的营养物质不能入海，威胁那些在海岸带生存的海洋生物，从而影响海洋食物链和渔业。广西自20世纪50年代初以来的海岸带开发使得70%的红树林丧失，红树林的大面积消失，使许多生物失去栖息场所和繁殖地，海岸带也失去了重要的生态防护屏障；厦门海域污染令白海豚几近绝迹。

其次，围海造田会人为地改变海岸线的位置。这些海岸线是海洋与陆地在千百万年的相互作用中，形成的一种理想的平衡状态，海岸线附近的湿地、近海生物等也受益于这种平衡。一旦人为地将海岸线前移，这种平衡便被打破了。如果作为屏障的小岛都消失了，沿海湿地更易受影响，甚至会引发赤潮、洪灾和海啸。

2011 年初，一份历时 6 年的中国 908 专项海岛海岸带调查曝光，中国海岸线因填海造地导致逐年减少。在过去 20 年间共 700 多个小岛消失。其中，浙江省海岛减少 200 多个，广东省减少 300 多个，辽宁省消失 48 个，河北省消失 60 个，福建省海岛消失 83 个。

再次，围海造田还引发洪水、地面沉降等灾害。比如，在孟加拉国首都达卡，城市用地不断向位于洪水位以下的低洼地区扩展，导致这里洪水灾害日益增多，洪泛平原和回填土地的地基承载力较差而且不稳定。对中国沿海城市而言，围海造地使海岸线缩短、湾体缩小，阻塞了部分入海河道，影响了洪水的下泻；围海同时又使部分天然泄洪出口受阻，使更多的地表水下渗到地下，造成局部地区的地下水位上升。近年来，广州、深圳等地不少楼房地基受地下水浸泡，地下室进水、楼房开裂，都与地下水位上升有关。

可见，围海造田是令人警醒的，退耕还海、恢复自然才是真正的科学生存之道。在经济发展的过程中，我们不能一味考虑眼前的经济效益，还要注重长期效应。因此，对于围海造田，我们一定要做好前期规划、控制围海造田规模、改进围海造田方式，或是实施退耕还海计划。这才是正确的经济发展方式。

近年来，荷兰、日本、美国等具有围海造田传统的国家，已经先后出现了海岸侵蚀、土地盐化、物种减少等问题。有的国家开始采取透空式的海上大型浮式建筑物取代围海，有的国家甚至已不允许围海，并开始将围海造田的土地恢复成原来的湿地面貌，以挽救急剧减少的动植物，探索与水共存的新路，这不得不使我们警醒。

遏制住"全球变暖"的趋势

"全球变暖"是一种"自然现象",根据研究发现,地球的温度随着时间的推移是逐渐上升的。不过这种温度的上升是比较缓慢的,短时间人们是察觉不到的。但是,在经济发展的过程中,全球气候变暖越来越成为人们能够明显感觉到的一个变化。尤其是近些年来,人们对化石矿物的使用、对森林的大量采伐、温室气体的大量排放,使得全球气候变暖越来越严重。

全球气候变暖虽然是一种正常现象,但是,全球气候变暖的速度过快,其危害性也是不容小觑的。全球气候变暖、温度上升,会直接造成冰川融化,海平面上升,沿海和岛国居民的生活受到威胁。如果极地冰川融化,经济发达、人口稠密的沿海地区会被海水吞没。另外经过亿万年的净化,地球才形成的生物赖以生存的环境,也会遭到极大的破坏。

气候是决定生物群落分布的主要因素,气候变化能改变一个地区不同物种的适应性并能改变生态系统内部不同种群的竞争力。自然界的动植物,尤其是植物群落,可能因无法适应全球变暖的速度而惨遭厄运。以往的气候变化(如冰期)曾使许多物种消失,未来的气候将使一些地区的某些物种消失。另外,温度变暖也会影响人类的健康。极端高温对人类健康的困扰变得更加频繁、更加普遍,主要体现为发病率和死亡率增加，某些目前主要发生在热带地区的疾病可能随着气候变暖向中纬度地区传播。

同时，全球气候变暖、海平面上升，对于陆地资源也是一种极大的侵害。土地是最基本的自然资源，是农业的基本生产资料，是矿物质的储存所，也是人类生活和生产活动的场所以及野生动物和家畜等的栖息所。总之，土地是陆地上一切可更新资源都赖以存在或繁衍的场所。因此，土地资源是十分宝贵的。而海平面上升，淹没陆地对我们人类来说，无疑是一个极大的损失。

而且，在农业自然资源中，土地资源是核心，是农业生产的重要物质基础，离开了土地资源，农业生产就无法进行。当然，还不仅仅限于农业方面，土地资源的流失和损失，会使整个人类的生存活动空间受到很大的限制和制约。所以，全球气候变暖的加剧对于陆地资源的保护来说是一个极大的威胁和挑战，因此对加强对全球变暖的防治是十分必要的。

进入 20 世纪 80 年代后，全球气温明显上升。尤其是这些年来，全球气温变暖的趋势越来越明显。然而，全球气候变暖，使得地球冰川和冻土加快消融，海平面上升，这既危害自然生态系统的平衡，更威胁人类的食物供应和居住环境。所以，我们一定要采取措施予以应对。

当然，要采取有力的措施解决全球气候变暖的问题，减缓其变暖的速度，就要对全球气候变暖有一个清楚的认识。

其实，人类对全球气候变暖问题重要性的认识经历

了长期的探索过程。气候变化问题最初是作为环境问题而由科学家讨论的，到了 20 世纪 70~80 年代，有人开始将环境、气候变化与外交和安全等问题联系起来，气候变化问题才引起了大众关注，上升为国家安全和外交政策问题；至 20 世纪 90 年代，全球气候变化已经成为国际关系、经济发展、环境与资源、能源、科技研发等领域内举世瞩目的重大战略性问题；2009 年 12 月，在丹麦哥本哈根气候变化大会上，就应对气候变化通过了《哥本哈根协议》，达成了广泛共识，取得了重要而积极的成果。但是，就目前而言，我们依旧面临着极为严峻的全球气候变暖趋势。

那么，面对全球日益加快的变暖趋势，我们应该如何予以应对呢？下面，我们就来具体看一下。

首先，应对气候变暖需要科技的持续支撑。应对气候变化需要加强监测、预测和预警，进一步认识相关的机理和规律，加快解决科学认识上的不确定性；需要优化能源结构，节约能源和提高能效，发展清洁能源和低碳能源，改善土地的利用方式；需要科学认识气候变化的影响，特别是对经济社会关键行业、敏感脆弱部门和地区、重大工程的不利影响；需要综合考虑能源安全、节能减排政策、发展"低碳经济"和"吸碳经济"、气候变化、未来国际制度安排、国际产业分工和贸易等方面的重大战略和政策问题。这些问题都需要相关科技工作的支撑。

其次，普通公民也可以在日常生活中为缓解气候变暖贡献自己的一份力量，这可以从以下几方面入手。

（1）注意随手关灯，使用高效节能灯泡。美国的能源部门估计，单单使用高效节能灯泡代替传统的电灯泡，就能避免 4 亿吨二氧化碳被释放。

（2）购买洗衣机、电视机或其他电器的时候，选择可靠的低耗节能产品。电视、电脑不用时及时切断电源，既能节约用电又能够防止插座短路引发火灾的隐患。

（3）靠循环再利用的方式来减少材料使用，可以减少生产新原料的数量，从而降低二氧化碳的排放量。比如，纸和卡纸板等有机材料的循环再利用，可以避免从垃圾填埋地释放出来的沼气（一种能引起温室效应的气体，大部分是甲烷）。据统计，回收 1 吨废纸能够生产 800 千克的再生纸，可以少砍伐 17 棵大树，节约一半以上的造纸原料，减少水污染。因此，节约用纸就是保护森林、保护环境，为缓解全球气候变暖尽了自己的一份力。

（4）购物时自备购物袋或重复使用塑料袋购物，因为塑料的原料主要来自不可再生的煤、石油、天然气等矿物能源，节约塑料袋就是节约地球能源。我国每年塑料废气量超过一百万吨，用了就扔的塑料袋不仅造成了资源的巨大浪费，而且使垃圾量剧增。这些大量的垃圾堆积无疑会增加全球变暖的趋势。

（5）少用一次性制品。我们在购物的时候，往往会发现商场里充斥着一次性用品，比如：一次性餐具、一次性牙刷、一次性签字笔，等等。这些一次性物品虽然给人们的生活带来了极大的便利，但是也给生态环境带来了极大的危机。它们加快了地球资源的耗竭，所产生的大量的垃圾会造成环境污染，全球气候变暖加剧。以一次性筷子为例，我国每年向日本和韩国出口约 150 万立方米，需要损耗 200 万平方米的森林资源。而森林是大自然的总调度室，森林面积的锐减无疑会让全球气候面临极大的挑战和威胁。

最后，面对严峻的全球变暖挑战，我们必须正视现实，及早行动，制定出积极可行的对策来。其实，减缓气候变暖的对策，最根本的就是要控制温室气体向大气中的排放，特别是要对排放量最大的二氧化碳加以限制。具体来说，减少二氧化碳排放量的途径主要有两条：一是大幅度推行能源转化，引进清洁能源，从使用含碳量高的燃料（如煤）转向含碳量低的燃料（如天然气），或是转向不含碳的能源（如太阳能）；二是提高能源利用率，大力推广节能措施，降低能耗。

此外，应该保护和发展森林覆盖面积，加强城市绿化，以增强对二氧化碳的吸收和转化；同时，应尽可能使用非氟利昂产品来代替常用的氯氟氰产品，以保护臭氧层。臭氧层距离地面 20~30 千米处，它在地球上空就像是一把"保护伞"，它能将太阳光中 99% 的紫外线过滤掉。相反，臭氧层遭到破坏，一定程度上也会使得全球气候变暖的趋势加重，使得极地冰雪融化的速度加快，从而给海拔较低的岛国和沿海城市带来威胁。因此，在遏制全球气候变暖趋势加剧的过程中，保护和发展森林植被也是不可忽视的。

当然，最根本的办法还不得不说是要减少二氧化碳的排放量，比如控制人口增长速度，减少化石燃料如煤、石油、天然气等的使用，多使用新型能源如光能、水能、风能、生物能等，多种绿色植物以加快二氧化碳的吸收和氧气的生成等。除此之外，全球气候变暖是一个世界性的问题，是牵涉到每一个人的事情。因此，注重新材料、新能源的研发，加强国际的合作和配合，提高人们的低碳环保意识也是至关重要的。

总之，空气全球气候变暖加剧，是一项系统的工程，要想全球气候保持一个良好的水平，让陆地资源得以良好地存在，就要下大功夫、花大力气。只有这样，我们赖以生存的陆地才能永续发展，我们赖以生存的环境才能持续、稳定地向好的方向发展。

守护大陆就是守护我们的生命线

随着经济的发展，环境生态保护问题越来越成为人们关心的问题。尤其是，近些年来环境日益恶化，生态遭受极大的威胁，水土流失越发严重。面对这种严峻的形势，人们赖以生存的土地资源和大陆资源也越来越紧张。因此，守护大陆、保护家园已经成为利在当代、功在千秋的事情。而且，守护大陆就是守护我们的生命线。因为，陆地是人们生活的基本场所。

守护大陆，就是要科学合理地利用和开发土地资源，就是要和大陆的损失作斗争，而大陆最明显的损失就是水土流失。所谓水土流失，是指人类对土地的利用，特别是对水土不合理的开发和经营，使土壤的覆盖物遭受破坏，裸露的土壤受水力冲蚀，流失量大于母质层育化成土壤的量，从而使岩石暴露。

从具体的分类来看，水土流失可分为水力侵蚀、重力侵蚀和风力侵蚀三种类型。其中，水力冲蚀是十分具有破坏力的，也是最为常见的水土流失类型。在山区、丘陵区和一切有坡度的地面，暴雨时都会产生水力侵蚀。它的特点是以地面的水为动力冲走土壤，比如黄土高原的形成就是如此。

同时，水土流失的危害是不容小觑的，它往往会给土地及土地资源以致命的打击。具体来说，水土流失的危害，主要体现在以下几个方面。

1. 冲毁土地，破坏耕田

水土流失对土地的冲刷和破坏是极大的。看似柔弱无形的水其实有极大的冲击力，尤其是在丘陵地带，耕地主要分布在沟沿线以上的梁峁塬上，由于暴雨径流冲刷，沟壑面积就会越来越大，坡面和耕地越来越小。因此，水土流失无疑会使土地资源遭到极大的破坏。

2. 土壤剥蚀，肥力减退

水土流失在进行的过程中，常常会对土壤产生极大的冲刷力，继而使得土壤中的营养物质大量流失，使土壤肥力降低。

按照一个大概的比例，在流失的地表土中，每吨差不多含氮 0.5 千克、磷 1.5 千克、钾 20 千克。水土流失不仅减少了土壤中的氮、磷、钾主要养分，也减少了土壤中硼、锌、铜、锰、铁等微量元素含量。据测定，流失的坡耕地比不流失的梯田，微量元素要减少 1/3 至 1/2，严重影响农作物产量和质量。

可见，水土流失对土壤肥力的破坏也是极大的。被流水冲刷后留下的土地一般就会变得非常贫瘠。

3. 破坏土地资源，蚕食农田，威胁人类生存。

土壤是人类赖以生存的物质基础，是环境的基本要素，是农业生产的最基本资源。年复一年的水土流失，使有限的土地资源遭受严重的破坏，地形破碎，土层变薄，地表物质"沙化"和"石化"，特别是土石山区，由于土层流失殆尽、基岩裸露，有的地方已无生存之地。据初步估计，由于水土流失，中国每年损失耕地 370 平方千米，每年造成的经济损失达 100 亿元左右。更严重的是，水土流失造成的耕地损失已直接威胁到水土流失区群众的生存，其价值是不能单用金钱计算的。

4. 削减地力，加剧干旱发展

由于水土流失，使坡耕地成为跑水、跑土、跑肥的"三跑田"，致使土壤日益瘠薄，土壤理化性状恶化，土壤透水性、持水力下降，加剧了干旱的发展，使农业生产低而不稳。据观测，黄土高原每年平均流失 16 亿吨泥沙中含氮、磷、钾总量约 4000 万吨，东北地区因水土流失损失的氮、磷、钾总量约 317 万吨。资料表明：全国多年平均受旱面积约 20 万平方千米，成灾面积约 7 万平方千米，成灾率达 35%，而且大部分在水土流失严重区，这更加剧了粮食和能源等基本生活资料的紧缺。

5. 泥沙淤积河床，加剧洪涝灾害

水土流失使大量泥沙下泄，淤积下游河道，降低行洪能力，一旦上游来洪量增大，常引起洪涝灾害。1949 年以来，黄河下游河床平均每年抬高 8~10 厘米，有的河段已高出两岸地面 4~10 米，成为地上悬河，严重威胁着下游人民生命财产安全，成为国家的"心腹大患"。近几十年来，全国各地河流都有类似黄河的情况，随着水土流失的日益加剧，各地大、中、小河流的河床淤高和洪涝灾害也日益严重。由于水土流失造成的洪涝灾害，全国各地几乎每年都不同程度地发生，所造成的损失令人触目惊心。

可见，水土流失给土地以及土地资源造成的危害是极大的。水土流失使得土地遭受极大的破坏，面临着极大的危机和挑战，可以利用的土地越来越少，沙漠化、荒漠化的面积逐年增多。那

么，是什么因素导致的水土流失呢？

一般来说，水土流失是不利的自然条件与人类不合理的经济活动互相交织作用产生的。不利的自然条件主要是：地面坡度陡峭，土体的性质松软易蚀，高强度暴雨，地面没有林草等植被覆盖；人类不合理的经济活动诸如：毁林毁草，陡坡开荒，草原上过度放牧，开矿、修路等生产建设破坏地表植被后不及时恢复，随意倾倒废土弃石等。水土流失是自然因素和人为因素共同作用的结果。

其中，自然因素主要包括地形、地貌、气候、土壤、植被等，这些自然因素必须同时处于不利状态，水土流失才能发生与发展，其中任何一种因素处于有利状态，水土流失就可以减轻甚至制止，我国产生水土流失的地形地貌主要有三种：一是坡耕地；二是荒山荒坡，大片的荒山荒坡被裸露，坡陡，植被很差，特别是草皮一旦遭到破坏，侵蚀量将成倍增加；三是沟壑，有沟头前进、沟底下切和沟岸扩张三种形式。

人为因素主要是对自然资源的掠夺性开发利用。如乱砍滥伐、毁林开荒、顺坡耕作，草原超载过牧，以及修路、开矿、采石、建厂，随意倾倒废土、矿渣等不合理的人类活动。这些不合理的人类活动可以使地形、降雨、土壤、植被等自然因素同时处于不利状态，从而产生或加剧水土流失，而合理的人类活动可以使这些自然因素中的一种或几种处于有利状态，从而减轻或制止水土流失。

对于我国来说，我国水土流失的原因是多方面的。我国是个多山国家，山地面积占国土面积的 2/3，我国又是世界上黄土分布最广的国家。山地丘陵和黄土地区地形起伏。黄土或松散的风化壳在缺乏植被保护情况下极易发生侵蚀。我国大部分地区属于季风气候，降水量集中，雨季降水量常达年降水量的 60%~80%，且多暴雨。因此，易于发生水土流失的地质地貌条件和气候条件是造成我国发生水土流失的主要原因。

同时，我国人口多，粮食、民用燃料需求等压力大，在生产力水平不高的情况下，对土地实行掠夺性开垦，片面强调粮食产量，忽视因地制宜的农林牧综合发展，把只适合林、牧业利用的土地辟为农田也是造成水土流失的重要原因。而且，大量开垦陡坡，以至陡坡越开越贫，越贫越垦，生态系统恶性循环；滥砍滥伐森林，甚至乱挖树根、草坪，树木锐减，使地表裸露，这些都加重了水土流失。

另外，某些基本建设不符合水土保持要求，例如，不合理修筑公路、建厂、挖煤、采石等，破坏了植被，使边坡稳定性降低，引起滑坡、塌方、泥石流等更严重的地质灾害。

可见，影响我国水土流失的因素是很多的。这些水土流失状况使得土地资源受到严重的损失。但是，其中影响水土流失加剧的重要因素是人为因素，是因为人类的不合理、不适度的活动。

因此，要想守护好我们大陆，保护好我们赖以生存和发展的土地，就要积极地予以防治，自觉地要求和约束自己的行为。其中，最重要也是最有成效的就是植树造林和退耕还林两项措施。

植树造林是新造或更新森林的生产活动，它是培育森林的一个基本环节。种植面积较大而且将来能形成森林和森林环境的，则称为造林。如果面积很小，将来不能形成森林和森林环境的，则称为植树。造林的基本措施是：适地适树，细致整地，良种壮苗，适当密植，抚育保护，工具改革以及可能的灌水、施肥。

植树造林对土壤最大的好处就是可以起到保持水土的作用。

植树造林、封山育林和生态重建是极为重要的。植树造林可使水土得到保持，哪里植被覆盖率低，哪里每逢雨季就会有大量泥沙流入河里，把田地毁坏，把河床填高，把入海口淤塞，危害极大。要抑制水土流失，就必须植树造林，因为树木有像树冠那样庞大的根系，能像巨手一般牢牢抓住土壤。而被抓住的土壤的水分，又被树根不断地吸收蓄存。据统计，一亩树林比无林地区多蓄水 20 吨左右。植树造林可以治理沙化耕地，控制水土流失，防风固沙，增加土壤蓄水能力，可以大大改善生态环境，减轻洪涝灾害的损失，而且随着经济林陆续进入成熟期，产生的直接经济效益和间接经济效益巨大，还能提供大量的劳动和就业机会，促进当地经济的可持续发展。

当然除了植树造林之外，还要注重恢复林草植被，实行退耕还林、退牧还草。

退耕怀林就是从保护和改善环境出发，将易造成水土流失的坡耕地有计划、有步骤地停止耕种，按照适地适树的原则，有计划、分步骤地停止耕种，本着宜乔则乔、宜灌则灌、宜草则草，乔灌草结合的原则，因地制宜的植树造林，恢复森林植被。

同时，退耕还林是我国西部开发战略的重要政策之一，基本政策就是"退耕还林，封山绿化"。封山绿化就是对工程区内的现有林草植被采取封禁措施严加保护，对宜林荒山荒地尽快恢复林草植被，并实行严格保护，确保绿化成果。

另外，加强水土保持的科技投入、提高科学治理水平，发展节水型农业和先进的灌溉技术也是防治水土流失、保护土壤的重要措施。对于农业型土壤来说，流水漫灌对土壤肥力的破坏是极为严重的，大水漫灌使得地表的土壤以及地表土壤的养分流失，这使得耕地的利用率大大降低。

还需要注意的是，对于一些工矿区，也要做好矿区的土地复垦工作，防止土壤出现水土流失的情况。这样，水土流失的情况就能得到良好的改善。

　　总之，守护我们赖以生存的大陆是非常重要的，守护我们的大陆就是守护我们的生命线。